新丝绸之路

城市河湖水生态综合治理

（上册）

主　编　刘　斌

副主编　王增强　农晓英　陈　莉

中国水利水电出版社

www.waterpub.com.cn

·北京·

图书在版编目（ＣＩＰ）数据

新丝绸之路城市河湖水生态综合治理 ：全2册 ／ 刘
斌主编. -- 北京 ：中国水利水电出版社，2017.1
ISBN 978-7-5170-5061-2

Ⅰ．①新… Ⅱ．①刘… Ⅲ．①城市环境－水环境－生
态环境－综合治理－研究－中国 Ⅳ．①X321.2

中国版本图书馆CIP数据核字(2016)第322145号

书 名	新丝绸之路城市河湖水生态综合治理（上、下册） XINSICHOU ZHILU CHENGSHI HEHU SHUISHENGTAI ZONGHE ZHILI	
作 者	主编 刘斌 副主编 王增强 农晓英 陈莉	
出版发行	中国水利水电出版社 (北京市海淀区玉渊潭南路1号D座 100038) 网址: www.waterpub.com.cn E-mail: sales@waterpub.com.cn 电话: (010) 68367658 (营销中心)	
经 售	北京科水图书销售中心 (零售) 电话: (010) 88383994、63202643、68545874 全国各地新华书店和相关出版物销售网点	
排 版	中国水利水电出版社装帧出版部	
印 刷	北京科信印刷有限公司	
规 格	210mm×297mm 16开本 29.25印张（总） 661千字（总）	
版 次	2017年1月第1版 2017年1月第1次印刷	
印 数	0001—3000册	
定 价	280.00元（全2册）	

改革开放以来，我国进入城市化快速发展时期，2000年，我国的城市化率为36%，2015年我国城市化率超过58%，到2030年将达到65%左右。党的十八大以来，国家提出推进"新丝绸之路经济带"建设，并大力提倡生态文明建设，为新丝绸之路沿线城市迎来了千载难逢的发展机遇。

人类自古就傍河而居，因河设市，以河为生。城市以水为载体，城市河流是一个城市的母亲河，代表一个城市的形象，承载着一个城市的水生态环境，支撑着一个城市的发展格局。水是生命之源，自然河流以她无与伦比的活力吐故纳新，滋养着人类及其他生命，并孕育出灿烂的文化，所到之处，沙漠披上了绿装，蛮荒书写着文明。然而，随着工业化进程的不断加快和人口的日益增长，人们在饱受"母亲河"河水恩泽的同时，却不断地把河水瓜分殆尽，导致人类与河流的关系不断恶化：生态破坏，水质污染，河道断流……随着城市化进程的加快，城市水生态环境问题越来越突出，已成为制约城市良性发展的主要瓶颈。新丝绸之路经济带地域辽阔，特别是河西走廊及以西地区自然环境差，属于资源性缺水地区，水资源十分匮乏，沿线的城市河流多为季节性河流，其承载力要脆弱得多，对城市发展的影响也要显著得多，有限的水资源和过度开发，导致城市河流或干涸、或垃圾遍布、或污水横流，已成为城市藏污纳垢之所，与城市发展极不协调，水生态环境十分恶劣。

鉴于半个世纪以来治水实践中的经验教训以及水短缺的严峻形势，我国提出了由传统水利向现代水利、可持续发展水利转变，以水资源的可持续利用支持经济社会可持续发展的治水新思路，特别是党的十八大提出生态文明建设的重要指示，生态水利成为我国水利发展的主要方向，人与自然和谐相处成为江河治理的终极目标。城市河流水生态治理已成为历史的必然选择，建设人、水、自然和谐相处的人居环境，成为社会可持续发展的必然。

为此，城市水生态问题在城市规划、城市建设和城市经营管理中的地位日益凸显，许多城市管理者和学术团体、科研设计单位开始研究城市治河之道，探索解决城市水生态问题之策。

陕西省水利电力勘测设计研究院（以下简称"陕西院"），作为国家甲级综合勘测设计研究单位和全国水利水电勘测设计行业 AAA 级信用等级企业，是全国目前唯一一家水土保持生态环境规划设计院。建院 60 年来，在水库枢纽、灌溉、发电、防洪、光伏、城市河道水生态治理领域取得辉煌成绩。2003 年以来，陕西院高瞻远瞩，走在水生态治理前沿，集中技术骨干，成立专门的防洪及城市河流水生态设计部门，在西北地区乃至全国范围内率先开展城市河湖水生态治理设计研究，在新丝绸之路沿线城市群规划、设计、建成了一大批城市河湖水生态修复治理工程，这些工程极大地改善了当地城市的水生态环境，支撑着当地城市的良性发展，并成为各城市的生态名片。陕西院在城市河湖水生态治理领域十年磨一剑，如今，硕果累累。

新丝绸之路的沿线城市，大多缺少水体和绿地，因此，城市河流水生态治理工程力求摒弃以往传统水利工程粗、笨的外观，着力突出"水""绿"和"美"，最大可能的实现生态平衡。一个城市，有"水"，就有了灵气；有绿色，城市更加秀美。新丝绸之路沿线自然环境差，水资源十分匮乏，特别是河西走廊一带的季节性河流，具有大比降、多泥沙、洪枯水量变化大、河流干涸等特点。针对新丝绸之路沿线这一类城市水利工程，陕西院以水生态文明为指导思想，尊重河流特性，尽可能地减轻对河流系统的干扰，提出以保持河流泄洪排沙基本功能为基础，以城市防洪安全为前提，以充分节约水资源为原则，以水生态修复为重点的治理思路；以"安全、亲水、生态、文化、宜居、魅力"为治理理念，以重现母亲河"水波荡漾、碧草萋萋"为治理目标；赋予城市河流以安全性、生态性、亲水性、景观性、地域文化性等城市综合服务功能，重现"水清、岸绿、景美"的城市河流水生态廊道，构建人水和谐的城市人居环境。

十几年来，陕西院从城市河流生态治理，水库景观治理，到流域综合整治，水系综合治理，跨流域水系联通领域，规划设计成果达 30 多项，取得了丰硕的成果，特别是在城市河湖水生态治理领域短短十几年，为陕西院创建出城市水生态设计品牌，成绩斐然。目前已建成运行的城市河流生态治理工程达 13 项之多，涉及新丝绸之路沿线的西安、咸阳、杨凌、宝鸡、天水、西和、武威、张掖、嘉峪关、酒泉、敦煌等城市，分别为西安市护城河、咸阳市渭河、杨凌示范区渭河、宝鸡市渭河、甘肃天水市藉河、天水市渭河、西和县漾水河、武威市杨家坝河、张掖市高台县黑河、嘉峪关市讨赖河、酒泉市北大河、敦煌市党河，以及广州市黄埔区深涌整治等；已建成水库景观工程 4 项：陕北榆林市王圪堵水库景观、延安市南沟门水库景观规划、西安市李家河水库景观、新疆下坂地水库景观。正在规划实施的城市河流水生态治理项目主要有：西安市泾河新城、甘肃临夏市大夏河、临夏回族自治州康乐县苏家集河、天水市颖川河、天水市武山县渭河、肃北蒙古族自治县党河，咸阳市渭河二期、天水市藉河二期、张掖市高台县黑河二期、敦煌市党河二期及水系生态治理，以及陕西汉江综合整治、陕西关中水系规划、陕西斗门水库（昆明池）水利工程等水生态、水系规划、水系连通及雨洪资源利用工程。

　　本书按照已建城市河流综合治理工程、水库枢纽景观工程、规划设计工程三部分总结编写，每个工程的主要内容包括：①工程基本情况；②设计理念与目标；③工程规划设计；④创新与总结。

　　1000 多年前，东起长安（今西安）、西达罗马的"古丝绸之路"曾是连接中国与亚欧各国的贸易通道。在这条具有历史意义的国际通道上，五彩丝绸、中国瓷器和香料络绎于途，为古代东西方之间经济、文化交流作出了重要贡献。作为经济全球化的早期版本，这条贸易通道被誉为全球最重要的商贸大动脉。经过岁月变迁，21 世纪初，贸易和投资在古丝绸之路上再度活跃，国家提出发展新丝绸之路经济带，21 世纪，则是新丝绸之路经济带发展合作的"黄金世纪"。

　　随着我国城市化发展进程的加快，单一地进行城市河湖水生态治理已经不够，在此基础上，开展水系综合治理、水系连通、雨洪资源综合利用、海绵城市试点等，乃是城市发展和社会经济发展的重要保障。一个城市的经营和管理，应全面提升对水系综合治理重要性、战略意义的认识。

　　水是生命之源、生产之要、生态之基。人类治水，须感悟水，顺应水，敬畏水，方可上善若水！

刘斌

2016 年 10 月于西安

目录

第3部分 规划设计工程

新疆

甘肃

青海

西藏

湖水系生态综合治理工程

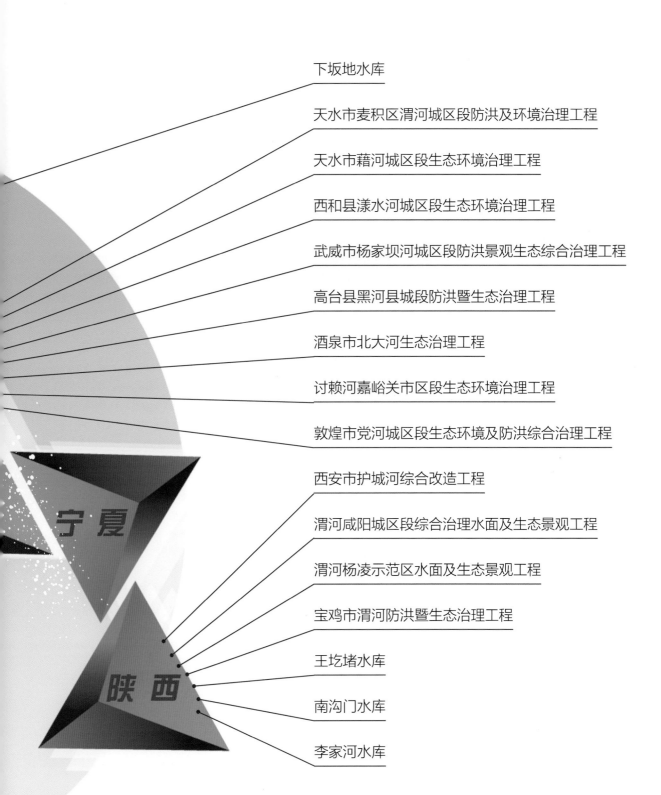

下坂地水库

天水市麦积区渭河城区段防洪及环境治理工程

天水市藉河城区段生态环境治理工程

西和县漾水河城区段生态环境治理工程

武威市杨家坝河城区段防洪景观生态综合治理工程

高台县黑河县城段防洪暨生态治理工程

酒泉市北大河生态治理工程

讨赖河嘉峪关市区段生态环境治理工程

敦煌市党河城区段生态环境及防洪综合治理工程

西安市护城河综合改造工程

渭河咸阳城区段综合治理水面及生态景观工程

渭河杨凌示范区水面及生态景观工程

宝鸡市渭河防洪暨生态治理工程

王圪堵水库

南沟门水库

李家河水库

宁夏

陕西

第 1 部分
城市河流综合治理工程

陕西省西安市护城河
综合改造工程

1 工程基本情况
GONGCHENG JIBEN QINGKUANG ....•

1.1 历史背景

护城河原是一条人工开凿的土壕，与雄伟的城墙形成"高墙深壕"的古城堡防御体系，形成于1370年明朝时期，距今已有645年的历史。新中国成立初期，我国政府就将护城河作为西安明城墙的重要组成部分，列入第一批公布的国家级重点文物保护单位，2001年被授予AAAA级旅游景区。护城河景区的定位是遗址公园。

1.2 河道分布

护城河占地面积约56万m²，绕城墙分布，环线周长14.6km，横断面为梯形，上口宽14.5～54m，河底宽7.0～24.6m，深4.0～15.5m。河道东南角高、西北角低，河底落差10.96m，河堤外岸地形起伏较大，高差达21.6m。

1.3 护城河排水系统

护城河既是历史遗留下来的宝贵文化遗产，也是作为城市雨水排水体系的重要组成部分之一，长期担负着城区及城郊一定范围内的城市防洪和雨水调蓄功能，汇水范围东起东二环、西至劳动路，南起南二环，北至环城北路。护城河河底现状截污箱涵位于护城河外侧，部分位于护城河内侧，分为南、西城河截污箱涵、东城河截污箱涵、北城河截污箱涵。现状箱涵主要采用C25钢筋混凝土盖板涵结构，局部采用钢筋混凝土管或夹砂管，主要承担初期雨水及部分污水的排放，过水能力较小。超过箱涵排泄能力的雨（污）水溢流进入护城河，调蓄滞洪后从西北角退水系统排入汉城湖截流涵，再经漕运明渠排至渭河。

永宁门原貌

护城河东南城角改造实景

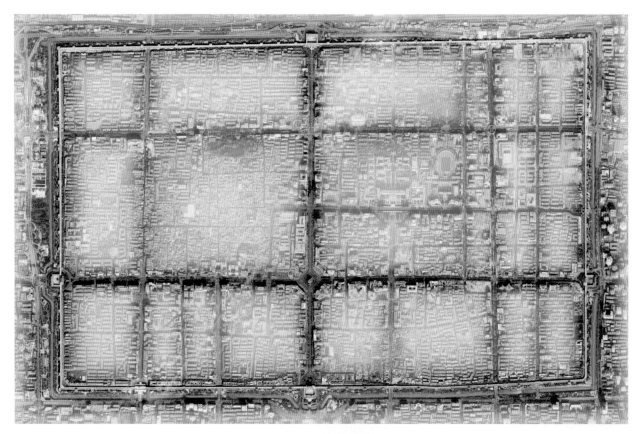

西安市护城河鸟瞰图

1.4 工程现状及存在问题

由于护城河担负着城市雨水调蓄和泄排功能，沿途有多条雨水管道、少数雨污混合管道向护城河排放雨、污水。多处河面上漂着一层油污，水里半沉半浮着各种杂物，河边污泥沉积、杂草丛生，城河水呈现混浊的黑色，还散发着呛鼻的刺激性气味，河床淤积，水质恶化，严重影响了护城河周边城市生态环境和市民居住环境，与这座保存完好的古老城墙极不相称，也与这座具有深厚的文化积淀、以文物古迹闻名于世的旅游型城市形象极为不符。既影响了城市防洪功能的发挥，又严重影响了市区生态环境、投资环境和西安市作为对外开放的旅游城市形象。随着城市人口的不断增加和社会经济的不断发展，若不尽快对护城河加以治理，这种恶劣的环境还将不断加剧，势必对西安市的可持续发展造成严重的不良影响。

1.4.1 存在问题

护城河在为西安市防洪发挥作用的同时，主要存在以下问题。

（1）淤积严重。根据测量资料，河底淤积层厚0.2～1.5m，不但污染河道水质、周边环境，而且侵占滞洪库容。

（2）箱涵淤积破坏、水质污染严重。护城河虽然在1998年进行河道清淤，但由于护城河两侧设置的雨污排泄口将挟带着地面杂物、并混合着生活污水的雨水直接排入护城河，尽管目前河道两侧埋设有截污箱涵，但容量有限，多处污水溢出截污箱涵直排河道。同时也存在外界向护城河内倾倒、抛撒垃圾现象。护城河水质受到严重污染，发黑发臭、水质极差，影响西安市的整体形象，与西安现代化城市的发展目标相悖，更与AAAA级旅游景区不相协调。

（3）水位低，水面窄，无水景观效果。

（4）护城河两岸土坡杂草丛生，周边环境缺乏统一规划。

（5）护城河桥梁、坝体、闸门、边坡衬砌老化失修，与城市环境不协调。

（6）西北角退水口狭窄，退水能力不足，影响城市防洪及改造后的景观效果。

（7）遗址公园道路年久失修，主、副、支路游线交通分级关系不明确，没有形成合理的路网体系。

（8）遗址公园内黄土裸露、植物品种搭配及疏密有待改善。

（9）园内建筑年久失修，建筑本身的文化内涵及建筑美观体现不足。

（10）服务设施不足，卫生设施不完善，没有完整的指示系统。

（11）园内设计符号及文脉体现混乱。

1.4.2 河道改造前状况

根据现场踏勘照片，护城河改造前状况如图所示。

雨污排泄口众多，河床淤积、水质污染严重

现状箱涵过水能力不足，局部顶翻

北门坝（闸）

西门坝（闸）

环城林带旧貌

2 设计理念与目标
SHEJI LINIAN YU MUBIAO ....●

设计理念:抬高水位、形成水景;改善水质、节约用水;智能管理、保证防汛;修复生态、改造交通;提升品质、服务社会。

在景观设计中,充分体现"古朴、自然、人文",凸显"高墙深壕"的历史原貌。运用自然景观的设计手法,朴素的设计材料,简约而不简单的设计风格,在保护城墙遗址的前提下,营造出具有现代文化气息的带状城市休闲公园。通过应用古朴、自然的景观元素营造出质朴自然的景观氛围,结合植物的色彩、造型搭配,彰显出城墙雄伟、庄严的气势。

设计目标:分级提升水位、引来绕城碧水、荡波历史长河、感受古城今昔;实现品质城河、生态城河、安全城河、智慧城河。

工程设计总要求:加大水量、改善水质、保证防汛、形成水景、彰显文化、改善生态、恢复自然健康的植物生长环境,通过人为措施和自然作用,实现生态恢复总体目标。

3 工程规划设计
GONGCHENG GUIHUA SHEJI ....●

护城河改造范围为护城河全线(中心线)14.6km,包括护城河及环城林带生态提升综合改造,其中已经建设实施段长3.9km,后续改造段长10.7km。

为了大力改造提升护城河周边的生态环境,适当提升景观水位,形成环城水景,设计方案因地制宜,结合护城河地形特点及周边环境,在已经建设实施3座拦河坝的基础上,后续改造段拟增加5座拦河坝。通过河道防护、截雨箱涵改建、水质处理、交通改造、环城林带生态提升等工程措施,抬高护城河景观水位,在护城河全线形成阶梯形蓄水景观,全面提升护城河及周边环城林带城墙景区的生态环境及景观品位。

3.1 工程总体布置

为了改变护城河形象,从2003年开始,西安市委、市政府就把护城河改造列入重要议事日程,决定下大力气治理护城河及周边景区,启动"大水大绿"工程。提出适度抬高护城河景观水位,改善水质的理念,按照既保持古城河历史风貌,又充分体现开发与保护,坚持可持续发展的思路进行治理。

护城河综合改造工程是一个系统工程,涉及水源、供水系统、城墙景区提升和护城河自身的水体水质改善、退水系统、周边景观、照明等工程。改造内容包括河道工程[新建拦河坝(闸)、截雨(污)箱涵扩容改造、景观水位以下蓄水河道全断面防护、新建亲水平台、观景平台]、节水及水质处理、景观生态提升、交通改造、智能化管理等。

通过修建拦河坝抬高水位，逐步形成梯级连续的环城景观水系，修建亲水平台让游人近距离接近水面，感受"高墙深壕、古今穿梭"的体验；通过内外岸林带的梳理，四季植物的配置和融入古城文化元素，不仅调温、降尘、防燥，更彰显遗址公园特色，"以有限面积、营无限空间"，形成环城生态带；通过全面打通护城河，修复周边城市景观，增加城市配套设施和公共服务设施，承载城市服务功能。

在西安市政府及各级部门的支持下，护城河先后实施完成了东门—东南角—建国门试验段以及建国门—朱雀门共 3.9km 的景观提升改造。

2005 年 4 月至 2006 年 4 月，实施了护城河试验段（东门—东南角—建国门）水位提升和景观改造。在建国门桥西 125m 处修建了 1 号溢流坝及船闸，蓄水后形成景观水域 1285m，1 号坝上下游水域落差 3m，平均水面宽 27.6m。

2013 年 1 月至 2014 年 4 月，实施了建国门—朱雀门护城河综合提升改造。改造段全长 2619m，包括新建 2 座挡水建筑物、重建截雨箱涵 2532m、河道防护、新建亲水平台及码头、坡面及压顶修整、下河踏步等人行系统的完善及内外岸林带提升改造等几方面工作。新建 2 号拦河坝位于文昌门桥西 380m，新建 3 号拦河坝位于朱雀门桥东 127m。建国门—文昌门水域长 1447m，文昌门—朱雀门水域长 939m，上下游水域落差 3m，通过船闸连通。两个水域蓄水面积 6.9 万 m^2，平均水面宽 29m。

在后续改造设计方案中，把节水放在优先位置，充分提高水资源的利用率，树立节水、洁水观念，加快中水等非常规水源开发利用，尽可能"聚集水、留住水、涵养水、用好水"，并依法治水、强化监管。通过箱涵扩容、河道防护、合理设置溢流口等措施形成"河中河"，设计采用箱涵排洪方案及河道排洪方案使雨污水与景观水分离，减少污染。汛期可根据防汛调度需要选择局部或全部库区腾空作为调节库容，保证防汛安全。

3.2 工程水工设计

3.2.1 河道防护设计

根据地质资料分析，护城河两岸地层渗透性属中等—弱透水，存在渗漏问题。如果不进行防渗处理，护城河水位抬高后，城墙下一定深度范围内地基土会变成饱和土，使地基的强度降低，进而产生湿陷变形，可能引起地面沉降，对护城河两岸建筑物和古城墙可能产生不利影响。

为确保古城墙及城河周边建筑物的安全，保证工程实施后安全运行，设计对城河景观水位以下河底及两岸护坡进行全断面防渗，在满足景观设计的同时，对整个河道进行安全防护。护城河河道防渗处理方案采用钢筋混凝土防渗、钢筋混凝土 + 膨润土防水毯防渗两种方案进行比较。

（1）钢筋混凝土防渗。护城河试验段在景观蓄水位以下采用钢筋混凝土防渗面板进行全断面防渗，为了降低地下水位，在城河两岸原二台坡底处设置了截渗花管。

（2）钢筋混凝土 + 膨润土防水毯。由于防水毯是一种新型的绿色环保防水材料，具有密实性、柔韧性、自保性、结合性、耐久性、易施工、环保性等许多优点，采用该方案对环境无害，能与地气相通，有利于水下生物生长，使城河水质较长时期保持不腐，有利于城市生态的可持续发展。

河道蓄水效果图

在建国门—朱雀门段护城河改造工程中，鉴于城墙的历史地位，为了切实保证城河水位抬高后城墙及周边建筑物的安全，经过各相关部门及专家多次研讨，最终确定河道防渗方案采用二道防渗措施，即天然钠基膨润土防水毯和现浇钢筋混凝土面板。

（3）两种防渗方案比较。钢筋混凝土方案比钢筋混凝土 + 膨润土防水毯方案更为经济，同时施工也比较方便。钢筋混凝土 + 膨润土防水毯方案虽然防渗效果更好，但膨润土防水毯的销售市场鱼龙混杂，质量不容易保证。同时，在施工过程中，如果施工管理不严格，施工保护不到位，防水毯很容易出现颗粒流失或局部破损现象，将严重影响防渗效果。

钢筋混凝土面板相对而言，比较容易施工，施工技术比较成熟，施工质量也容易把握。经过试验段 10 多年的蓄水运行实践，防渗效果良好。

3.2.2 截渗花管设计

为了防止景观水渗流对城墙及周边建筑物地基产生不利影响，同时防止护城河在放空检修时，因地下水位高于河床面而顶起钢筋混凝土面板致使防水体系遭遇地下水扬压力破坏，在河道两岸边坡沿原亲水平台分别布设纵、横向排水花管，排水花管外包裹土工布，布置于钢筋混凝土面板下面中粗砂透水层内，利于地下水流通。为了减少河道放空后地下水扬压力破坏，在河道局部排水花管连通处增设集水井，并设置相应数量的逆止阀，在水位下降或放空时便于地下水排出，降低地下水位。排水管设计坡降同河底坡降相协调。

3.2.3 亲水平台、观景平台设计

两岸亲水平台高于景观蓄水位 0.25m。采用现浇钢筋混凝土结构，局部河道较窄、边坡较陡段，不设亲水平台。

在治理河段内，河道较宽并有游船通行条件的河段，可因地制宜布设观景平台、码头。观景平台基础采用浆砌石填筑，临水侧采用现浇钢筋混凝土结构。

3.2.4 亲水平台水下防护设计

为了保护游人安全，又不影响景观效果，在亲水平台附近水下设置钢筋混凝土镂空结构进行水下防护。防护结构位于设计蓄水面以下 1.2m，不影响景观效果，也不影响过船通行。

3.2.5 已实施段拦河坝与船闸设计

（1）拦河坝。已建拦河坝均采用浆砌石外包钢筋混凝土结构设计。下游面结合景观布置需要采用直立面或多级台阶式，坝顶挑流形成瀑布景观或阶梯水流。

为了方便连通内外岸，在2号坝内设穿行廊道一座，廊道净尺寸3m×3m，从水下穿过溢流坝体及船闸上游，使城河内外岸之间交通游览更为方便。

（2）船闸。已建拦河坝在右岸设船闸及

拦河坝效果图

管理房。船闸采用C25钢筋混凝土结构，通过闸门控制，连通上下游水体，实现旅游船只上下游通航。

3.2.6 改建箱涵设计

为了确保景观水质，通过改建箱涵将雨（污）水与景观水进行彻底分离，常流污水及常遇洪水可通过箱涵下泄至西北角退水系统退水，超标准洪水通过箱涵溢流孔溢流入城河进行暂时调蓄。箱涵的设计规模根据重现期设计标准要求，结合沿线各级排水管设计流量大小，分段计算确定。

为了不影响蓄水景观，涵顶位于景观蓄水面以下，涵顶到蓄水面的距离不小于1.1m。

跌水坝效果图

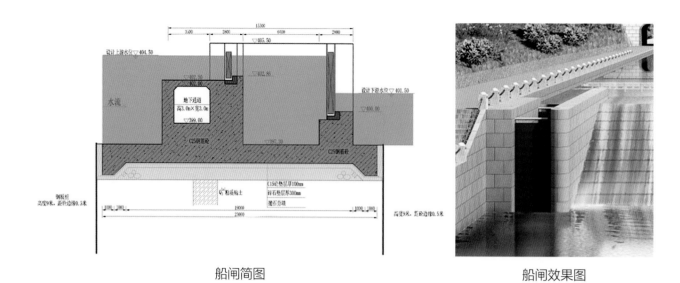

| 船闸简图 | 船闸效果图 |

由于箱涵承担着汛期雨水及部分污水的排泄任务，在长期运行过程中可能受淤泥淤积影响甚至堵塞，影响箱涵泄流。为了清淤方便，确保泄流通畅，改建箱涵在大的雨水汇入口附近均设淤泥沉淀池，在后期运行管理中，可以通过沉淀池附近的检查井就近抽排清淤。同时，为了检修和清淤方便，重建箱涵外侧每间隔100m左右设一处检查井。

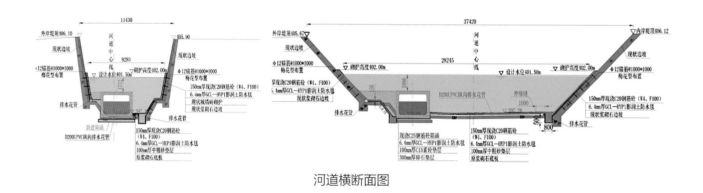

河道横断面图

3.3 水景观设计

2012年9月，随着西安市委市政府"八水润长安"宏伟蓝图的提出，在"571028"工程中，护城河成为离市民最近、最具焦点的一条水系。城墙景区成为古都西安作为"华夏故都、山水之城"的文化城市及宜居城市最具特色的展示窗口。

结合护城河周边现状，阶梯形景观水位以不淹没两岸建筑群、保证滞洪库容为前提，适度提高水位，形成景观水面。通过新建溢流坝（闸），形成阶梯形景观水域。

目前，护城河景观水现状供水水源有2处，即长安区大峪水库、北石桥污水处理厂。地表水供水管道位于城河东南角，中水管道起点位于环城西苑加压泵站，供水管道先向南后向东沿护城河左岸污水管道或箱涵顶部敷设，终点位于文昌门坝（2号坝）上游。

护城河拾美

3.4 生态环境提升设计

3.4.1 河道内

　　护城河河道水面提升后可行船，但水面大部分时间应该是作为静态水面观赏，不可泛滥成灾的大搞游船等项目，因为护城河的水具有特殊定位，过分喧闹会使其与"身份"不符，游船可从中点缀，方显其城河本色。

　　（1）滨水步道。在河道两岸临水侧设计宽2.5m的滨水步道，贯通城河上下游，在河道较为优美的地段设置观景平台，为游客观景、留影提供空间。同时为了警示游人安全，滨水步道邻水侧设置了低矮防护栏杆，起到警示的作用。

　　（2）护坡角石。滨水步道坡角用两层天然方形石条做基角，城河护坡坡比较大，基本坡比为1：0.75，方形条石在护坡角两层错台砌筑，与城墙的厚重感形成呼应，削弱了斜坡对游人造成的心理不稳定感。

滨水步道效果图

滨水步道实景

（3）岸坡压顶。护坡压顶，采用梯形花岗岩条石，重点部位采用青砖砌筑，既古朴庄重又不失细腻。

（4）河道护坡。护城河河道护坡主要以梳理为主，清理枯萎、树形较差及落果树种，对过于密集的树种进行移栽，对枯萎的树木进行补种，对于过高的乔木进行截头、压枝，使其尽量横向生长，不遮挡城墙景观。护坡坡面用草皮卷满铺，部分护坡采用生植袋固坡，浇灌方式采用滴灌，防止坡面水土流失。

河道护坡实景

（5）下河踏步。下河踏步，对原有踏步进行改造，根据不同地段及人流情况，对部分台阶加宽，兼顾休息平台的作用。在景观节点处新增下河踏步，方便景区管理。

下河踏步效果图　　　　　　　　　　　　　　　　下河踏步实景

（6）外岸景墙。在南城河的外岸，设计有五组景观墙，分别位于建国门西1号坝的下游，和平桥西侧、和平门与文昌门中间处、文昌门西侧、朱雀门3号坝上游，每组景观墙根据现状护坡情况，高低不同，采用城墙砖砌筑，每组景墙迎城河面都设计有浮雕，以体现城墙的历史文化。

景观墙效果图   景观墙实景

（7）码头。在南门西侧河道内岸设计游船码头，结合护坡地形，用城墙砖砌筑，造型风格与城墙环境协调一致，游船码头自身就是一个景观点，方便市民泛舟赏景。

河道效果图

河道实景

3.4.2 河道外

（1）内岸林带。保护和彰显古城特色，突出城墙雄壮威武和历史沧桑感，内岸林带已改造景观段为中山门—东门—南门—勿幕门。城河四个方位的朝向，代表一年四季的轮回，采用不同季相来体现。东护城河是朝阳升起的地方、四季轮回的开始；南护城河是串起城市迎宾广场的玉带；西护城河是古时的战略工事，今日的身边风景；北护城河是奔驰的铁龙与波光粼粼的水面呼应，穿梭的人流与凝固千年的城墙撞击。东城河内岸林带用春季的植物来体现，牡丹迎春、琥珀留影；南城河林带植物用夏季植物来体现，设置国槐飘香、园榴纳福、合家欢乐、丹凤朝阳、苍松翠石等植物组群。

内岸林带效果图

根据城墙遗址公园现状特点，增加曲线路网设计，创造富有层次却又相互渗透的流动空间，将铺地、小径、休憩空间、运动空间等拆分后重新组合归类，按现代环境空间与视觉手法及审美要求重新组合，形成新的共享空间，通过巧妙的设计手法，"以有限面积，营无限空间"。在遗址公园中，专门设计了有关城墙历史故事和老西安民俗文化的主题雕塑，可让市民游客感知城墙历史，体会老西安的生活情景。城墙被林带环绕，行走在遗址公园中感受不同的自然环境氛围，在每个城门入口处，设计有城墙文化特色的大门，方便景区管理，在大门入口处，规划有非机动车停车位，为市民提供方便。

遗址公园内的古建筑在不改变形状、风格的情况下进行维修、改造。在维修材料的选择上应生态、环保，按护城河的管理及商业要求，酌情增加部分服务用房。

（2）外岸林带。外岸林带是增强与城市的联系，与环城路相融，与遗址公园景区协调一致，在公交候车区域设置休憩空间、环境小品，满足市民等候、休憩需要，利用现状地形情况，发挥线性公园最大特点，保证公交站台区域有足够的空间供给游人上下车。另外在植物选择上以大乔木为主，为市民遮荫纳凉。同时在绿地设计上，融入相关历史、文化小品，增加空间趣味性。

打造外岸生态环境走廊，保留原有行道树，在其内侧种植一行赏叶、开花小乔木，形成林荫带，在堤顶设石质栏板保护。开阔处修建广场、在适当位置设下河步道连接城市与城河，林带内部分建筑物既是园中的风景也是市政设施。

内岸林带效果图

3.4.3 护城河各段

（1）北门。北门段护城河北临陇海铁路，南临环城路，上有环城北路高架桥，下有地铁，周边地形复杂，改造前生活垃圾随处可见，环境比较恶劣。为了突出北门迎宾大道起点位置的特点，彻底改变北门段现状，在北门东西遗址公园入口处增加地下商业建筑，奠定北门在历史上的重要地位及城市名片形象。

根据设计对北门段护城河生态环境进行大力提升改造，将东西向高架桥改为下穿隧道，并拆除北门东、西桥及北关正街桥，重建北门东、西交通桥梁，在北门箭楼中轴线上增加一座吊桥，满足游人步行需要，同时在重要节假日，也可以作为另一个入城仪式地点，营造北门广场，强化它的城市名片作用。改造后的北门广场可用面积变大，使北门处形成良好的城市生态环境。

（2）环城西苑湿地。提升护城河水位，西门以南提升后的城河水位高程 397.50m，西门北侧至西北城角提升后水位高程 399.80m，现状西门段外岸有部分地坪地势较低，本次设计利用部分区域地势低的特点，设计规划人工湿地，规划湿地水域面积约 5.37 万 m^2，水域深度 0.4~1.2m，水域沿岸坡比采用 1：5 以上的安全坡比。为节约水资源，利用湿地尽可能多的储存雨水，使城市能够像海绵一样，适应环境变化，应对自然灾害等方面具有良好的"弹性"，下雨时吸水、蓄水、渗水、净水，需要时将蓄存的水"释放"并加以利用，建设微型"海绵城市"。

内岸林带实景

北门展望效果图

4 创新与总结

4.1 创新

4.1.1 河道防渗采用膨润土防水毯

根据工程地质勘察揭示，护城河两岸堆积的人工填土、黄土、古土壤，渗透性属中等—弱透水，存在渗漏问题。如果不进行防渗处理，护城河水位抬高后，城河周边一定深度范围内地基土会变成饱和土，使地基的强度降低，进而产生湿陷变形，引起地面沉降，导致建筑物失稳破坏，对护城河两岸建筑物和古城墙可能产生不利影响。

城河景观水位抬高后，为确保古城墙及城河周边建筑物的安全，就要对城河水位以下河底及两岸护坡进行全断面防渗处理。西安是一个缺水城市，景观用水更加缺少，夏季来水稀少，不足以稀释护城河污水，致使城墙四周空气污染，因此，如何选取防渗方案就成为本工程设计的重要研究课题。

为了减少景观水渗漏对城墙周边建筑物产生不良影响，设计在景观蓄水位以下采用全断面防渗。结合护城河分段位置及地理特点，分别采取了钢筋混凝土及防水毯＋钢筋混凝土面板两种防渗方案，按照设计要求采用防水毯＋钢筋混凝土面板防渗效果更好，渗透系数更小，对地下水位影响也更小，不会因为地下水位抬高而影响城墙安全。

4.1.2 截渗花管设计

为了防止护城河在放空检修时，因地下水位高于河床面而顶起防水毯及之上钢筋混凝土面板致使防水体系遭遇地下水扬压力破坏，在河道两岸边坡及河道底分别布设纵、横向排水花管，排水花管外包裹土工布，周围设中粗砂排水层。截渗花管布置于防水毯下面，利于地下水流通，在河道水位下降或放空时便于地下水排出，可以降低地下水位。排水管设计坡降同河底坡降相协调。

4.1.3 亲水平台水下防护设计

为了保证游人安全、不影响景观效果，亲水平台采用水下防护设计。水下防护有防护板方案、防护网、镀锌钢管和尼龙网结合等三种方案。

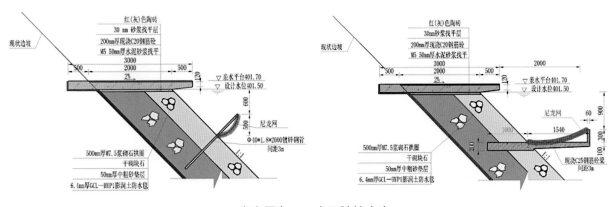

亲水平台——水下防护方案

其中防护板方案为刚性结构，其他两个方案为柔性防护。柔性结构虽然经济，但是出现意外时不容易实施营救。刚性结构虽然不经济，但是便于实施安全营救措施。所以为推荐方案。

保护平台梁布设在亲水平台下方，位于设计蓄水面以下 1.2m，外岸排污箱涵顶板距水面距离不大于 1.2m 时不设保护平台。由于水下防护梁板位于蓄水面以下 1.2m，不影响景观效果，也不影响过船通行。

4.1.4 2 号坝穿行廊道设计

2 号坝下游采用 5m 宽景观石堆砌、坝顶漫流小瀑布景观设计。在 2 号坝体内设穿行廊道，廊道净尺寸 3m×3m，从水下穿过溢流坝体及船闸上游，使护城河内外岸之间交通游览更为方便。

4.1.5 船闸设计

为使游人能在北方体验到过船闸的趣味，利用上下游水位差，在 1 号、2 号、3 号溢流坝北侧各设宽 3.2m、总长 14m 的游览观光船闸一座。

东门—朱雀门段护城河综合改造后实景

后续朱雀门—西门—北门—东门段护城河综合改造效果图

生态湿地效果图

4.1.6 水质处理

为了节约水资源，便于护城河水体循环自净，在后续改造设计中，拟通过建立小型泵站系统，通过逐级抽排实现各个水域之间的水体动态自循环，在节水的同时保证景观效果；并在退水口附近选择合适地点，新建地下景观水回用处理系统，对景观水通过一级处理后，作为绿化林带生态水供应，或作为景观水补充水量损耗，进一步节约水资源，减少原水利用，提高景观水的利用率。

为确保城河水质，增加各蓄水区水体的流动性，减少补水量，减少水质富营养化，减少蓝藻等的生长可能，保持水质一定的标准，节能用水，在每级分区坝址处布置加压泵站一座，将流入下游蓄水区的水通过水泵加压后回流至上一级蓄水区。

4.1.7 生态护坡

设计中将景观专业与水利专业紧密结合，在坡比为 1：0.75 较大的情况下，保留原有乔木，采用生态袋护坡种植设计，既保证了护坡的安全稳定，又起到了美化作用，对环境的污染也降低到最小，对修复水生态、保护生物的多样性起着关键的作用。

4.1.8 西苑湿地

把"海绵城市"的设计理念引入到护城河外岸林带景观设计中，在环城西苑，利用现有地形与河道抬升后的水位相结合，低洼处成湿地，将城市中水、雨水收集起来，经过湿地过滤，再汇入护城河，使护城河的景观更多样化。

4.2 总结

本工程的建设，改变了城区段河道内杂草丛生，以及城市缺少观赏水面的状况，使城区的环境得到极大改善，对于拉大城市骨架，完善城市功能，丰富城市内涵，提升城市品位，改善城市人居环境和投资环境，提高城市综合竞争能力，促进社会经济的可持续发展，都具有十分重要的意义。

文昌门—南门段护城河综合改造实景

工程突出一个"水"字，强化一个"绿"字，体现一个"美"字，增加了人与自然的亲和性，改善了市民的生存环境，有利于居民生活质量的提高，实现社会、经济、环境的协调发展。

　　护城河提升改造工程建成后，将带来巨大的社会效益、生态效益和经济联动增值效益。

　　随着"八水润西安"——"571028"工程规划的逐步实施，护城河作为"28湖池"之一（位于城市中心地段），其后续工程的实施对进一步维系城市水体，将促进区域发展，提高城市品位和人居环境质量，满足未来西安国际化大都市的水资源和水生态需求，为实现全面建设西部强省"生态美"和"美丽中国"目标作出贡献。结合已治理段景观效果改造前后对比，护城河综合改造体现着历史与现实的契合，也体现着"八水"的历史文化传承，对申报世界文化遗产名录，都具有十分重要的现实意义。

南门实景图

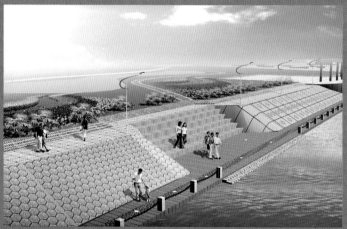

陕西省渭河咸阳城区段
综合整治工程

第1部分 一期治理工程（2003 年）

1 工程基本情况
GONGCHENG JIBEN QINGKUANG

1.1 河流自然条件

咸阳市地处陕西省关中平原腹地，素以"九州膏腴之地"著称，濒临渭河，北倚五陵塬，南望秦岭，泾河渭水"二川溶溶"。咸阳区位优越、交通便利，历史文化积淀深厚，曾是丝绸之路第一站，如今是西部大开发的桥头堡、亚欧大陆桥的新枢纽，在陕西省具有举足轻重的作用。

渭河咸阳城区段综合治理工程，简称"咸阳湖"，地处咸阳市区，位于渭河中游的下段。渭河中游地处中纬度暖温带季风气候区，具有明显的大陆季风气候。该区春暖多风，夏热多雨，秋凉湿润，冬寒少雨。区内多年平均气温 12 ~ 13℃，多年平均降雨量 539.7mm，年降水时空分布不均。

渭河系黄河一级支流，发源于甘肃省渭源县鸟鼠山，自西向东经甘肃省的渭源、陇西、武山、甘谷、天水等地后于宝鸡凤阁岭进入陕西省，流经宝鸡、咸阳、渭南等地市后于潼关入注黄河，全长 818km，流域总面积 13.5 万 km^2。渭河属降雨补给型河流，咸阳水文站断面多年平均年径流量为 46.7 亿 m^3。渭河洪枯流量悬殊较大，洪水具有陡涨陡落的特点，工程区河段 100 年一遇设计洪峰流量 9170 m^3/s。另外，渭河还是一条典型的多泥沙河流，黄河的主要沙源河流，汛期（7—9 月）输沙量占年输沙量的 80.0%，而汛期输沙量又集中在几场大洪水中。非汛期（10 月至次年 6 月）输沙量仅占年输沙量的 20.0%，而在这 9 个月中，12 月至次年 2 月三个月输沙量仅占年输沙量的 0.2%。咸阳城区河段多年平均输沙量为 1.336 亿 t，最大年输沙量为 3.88 亿 t，实测最大年平均含沙量为 109.7 kg/m^3。

渭河中游咸阳城区河段主槽单一，河势较为顺直，平面变化受堤防工程的控制已趋稳定。若不出现较大洪水决堤改道，今后不会出现较大平面形态变化。

1.2 工程现状及存在问题

渭河自西向东从咸阳市城区穿过，将市区分为南北两个区。由于受自然条件和人为因素等方面的影响，常年大部分时间主槽较窄，滩面裸露，河道内乱采、乱堆、乱种现象严重。长期以来，咸阳市及上游城市工业、生活污水直接排入河道，河道内水质污染严重。城区河段水环境日益恶化，不能满足城市环境的需求，制约城市经济的发展，城市生态环境问题亟须解决。

污水直排河道　　　　　　　　　　　　　　　乱采乱堆

滩面裸露　　　　　　　　　　　　　　　　　乱占乱种

2 设计理念与目标

SHEJI LINIAN YU MUBIAO ....

2.1 设计理念

设计理念包括：①清洪分治；②人水和谐；③防洪安全、生态健康。

2.2 设计目标

工程治理范围包括上起咸通南路下游约 140m 处，下游至古渡公园西侧、距离陇海铁路桥以上约 554m 处，全长约 4.6km。

工程的主要任务是在不影响河道原有功能的前提下，疏浚整治河道，利用部分河道蓄水；平整两侧滩地，为绿化、美化景观工程建设创造条件。

通过本工程建设，加快咸阳城区段河道渭河堤防建设和河道治理，提高防洪能力和管理水平，增加城市景观面积和绿地面积，改善人居环境，完善城市功能，提高城市品位，改善生态环境和投资环境，促进区域经济和社会发展。

水边平台与护坡
效果图

夜景效果图

3 工程规划设计
GONGCHENG GUIHUA SHEJI ....●

3.1 工程规模

通过造床流量、洪水资料分析、浑水渠泄量计算及泥沙模型试验等方面数据综合分析比较，确定主河槽宽度 500m，其中泄洪浑水渠 240m、泄洪蓄水渠 260m。这样，既保证了 2800m³/s 及其以下中小洪水由泄洪浑水渠安全下泄，蓄水渠蓄水水面宽度又不致太小而影响景观效果。

3.2 工程等别与设计标准

3.2.1 工程等别及主要建筑物级别

治理段上下游两道拦河蓄水橡胶坝坝高分别为 3.3m、3.5m，平时立坝蓄水，大洪水时塌坝行洪，蓄水容积约 240 万 m³。根据《水利水电工程等级划分及洪水标准》（SL 252—2000）拟定本工程为 Ⅳ 等工程，橡胶坝、中隔墙、南北护岸、泵房和储水池等主要建筑物级别为 4 级，导流潜坝等次要建筑物级别为 5 级。

3.2.2 洪水标准

本工程为河道内蓄水景观工程，在保障防洪安全的前提下，在两岸防洪大堤内对治理段河道进行综合整治。咸阳城区段渭河北岸堤防洪水标准为 100 年一遇，洪峰流量为 9170m³/s；南岸堤防洪水标准为 50 年一遇，洪峰流量为 8160m³/s。咸阳湖工程建设以不降低两岸堤防洪水标准为原则，泄洪蓄水渠橡胶坝塌坝控制流量为 2800m³/s，当流量大于 2800m³/s 时，橡胶坝塌坝过洪，橡胶坝的塌坝标准约相当于 3 年一遇洪水。治理断面设计成复式河床，滩面平台不淹标准为 30 年一遇。

3.2.3 地震设防烈度

根据《中国地震动参数区划图》（GB 18306—2001），工程区地震动峰值加速度为 0.20g，地震动反应谱特征周期为 0.4s，相应地震基本烈度为 Ⅷ 度。主要建筑物设防烈度同地震基本烈度。

3.3 总体规划设计

3.3.1 总体布置

工程总体思路采用清洪分治设计理念。总体布置可概括为"三纵、两横、两点"。

"三纵"即纵向布置的南、北岸护岸工程及中隔墙。咸阳城区段堤防间距不小于 600m，将河床断面设计成复式断面，主河槽宽 500m，作为主要行洪断面；两侧滩地平均宽度约 100m，大洪水时参与泄洪。在主河槽内布置蓄水河槽和泄洪槽，两者由中隔墙分隔。蓄水河槽为浅槽，长 4628m，宽 260m，深 3.6 ~ 3.8m（中隔墙一侧），槽内蓄水深 0.5 ~ 3.5m，河底纵坡为 0.65‰。泄洪槽为深槽，长4694.94m，宽240m，深4.6～4.8m（中隔墙一侧），河底纵坡为0.65‰。蓄水区北岸和滩面平台之间布置北岸护岸工程，全长5035m；泄洪槽和南岸滩面平台之间布置南岸护岸工程，全长4965.50m。蓄水区和泄洪槽之间布置中隔墙，长4694.94m。

"两横"即首尾两道橡胶坝。第一道橡胶坝位于工程区主河槽上游，泄洪蓄水渠首部为1号橡胶坝，坝高3.3m；泄洪浑水渠首部为1号副橡胶坝，坝高3.0m。第二道橡胶坝即2号橡胶坝，位于工程区下游泄洪蓄水渠尾部，坝高3.5m。首尾橡胶坝相距4628m。橡胶坝采用充水枕式彩色橡胶坝，锚固型式为楔块挤压式，并采用双锚线布置。

"两点"即两道坝的充排水泵房及蓄水池。为避免碍洪及保证自身的安全，将泵房及蓄水池均布置在两岸堤防外侧。1号坝和1号副橡胶坝共用一个储水池和泵房，分别称为1号泵房、1号储水池，布置在南岸堤线外侧；2号坝的充排水泵房及蓄水池位于北岸防洪堤外的古渡公园内，称为2号泵房，储水池利用古渡公园人工湖（东明湖）。两个泵房均由上下两层组成，上层为控制室，下层为水泵层。

3.3.2 主要建筑物设计

主要建筑物包括橡胶坝，中隔墙，南、北侧护岸，泵房和储水池等。

3.3.2.1 橡胶坝

橡胶坝段沿河道方向主要由以下几部分组成：上游抛石防冲槽、铺盖、橡胶坝底板、消力池、海漫及下游抛石防冲槽。1号橡胶坝及1号副橡胶坝各组成部分沿河道方向总长度为60m，其中上游抛石防冲槽段长8m，铺盖段长5m，橡胶坝底板段长11m，消力池段长12m，海漫段长19m，下游抛石防冲槽段长5m。2号橡胶坝各组成部分总长度为71m，其中上游抛石防冲槽段长8m，铺盖段长10m，橡胶坝底板段长12m，消力池段长12m，海漫段21m，下游抛石防冲槽段长8m。

1号橡胶坝坝长262.64m，分三段布置，各坝段净长86.88m；1号副橡胶坝坝长243.77m，分三段布置，各坝段净长80.59m；2号橡胶坝坝长260m，分三段布置，各坝段净长86m。

3.3.2.2 中隔墙

对中隔墙的设计要求考虑挡水、漫顶、过洪、冲淤、穿桥等诸多因素。经对浆砌石、混凝土贴面浆砌石、钢筋混凝土三种空箱式中隔墙方案进行比较，鉴于混凝土贴面浆砌石方案结构整体稳定性好、满足防渗要求、施工简便、投资节省，适合工程长线布置的特点，选用此方案作为基本设计方案，上、下游两坝段内的中隔墙则采用钢筋混凝土方案。

3.3.2.3 蓄水渠北岸护岸工程

综合治理工程的北岸为主要的休闲娱乐场地，水利工程部分结合景观需要，在护坡设计的基础上，设置了不同规模的亲水平台、滩面平台、码头和踏步。

亲水平台是游客与水亲近的平台，亲水平台高程384.97m，高于蓄水水面0.2m。

滩面高程为30年一遇洪水高程，纵向坡比0.65‰，边沿设置平台道路以便作为工程维修、游览车通道。平台道路宽度3~10m，主要采用C15混凝土垫层基础上砌厚2cm花岗岩板材路面。

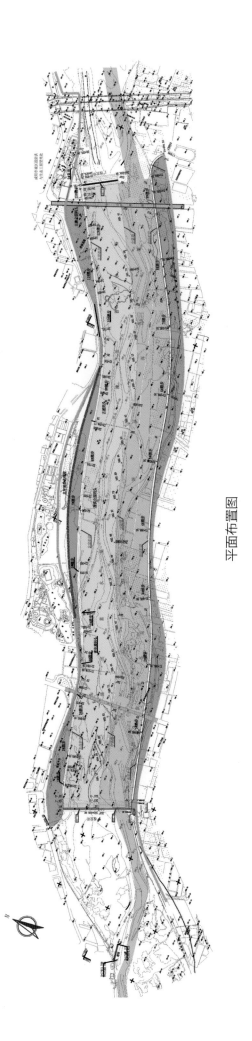

平面布置图

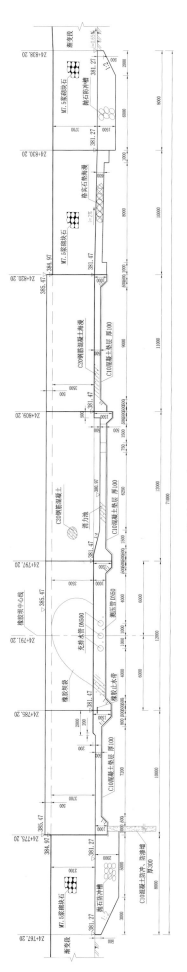

橡胶坝设计图

水面、平台与生态护坡

水面、平台与生态护坡

滩面平台与亲水平台衔接处水面

水面、平台与生态护坡

水面、平台

大桥横跨南北

大桥横跨南北

<table>
<tr><td style="text-align:center">滩面平台绿地</td><td style="text-align:center">景观公园</td></tr>
</table>

根据主河槽蓄水水域及滩面景观分布情况，规划北岸设置码头 4 处、亲水踏步间隔 500m 设置一处共 13 处。码头宽度 30 ~ 60m，造型各异，风格与总体景观协调。亲水踏步宽度分为 3m、10m、30m、60m 四种，较宽的亲水踏步采用花坛分流为多向出入口。

3.3.2.4 浑水渠南岸护岸工程

泄洪浑水渠的南岸，由渠底到 30 年一遇洪水高程的滩面平台的护岸高度为 5.3m，除橡胶坝及上下游连接段采用直立式挡墙外，其余护岸设计采用一坡到顶的斜坡式防护。护坡采用 M7.5 浆砌石和现浇 C15 混凝土两种护坡型式，每隔 500m 交替施工。

4 创新与总结
CHUANGXIN YU ZONGJIE ....●

该综合治理工程，又称"咸阳湖"，是陕西较早开发的城市水利工程，是我院与水利部水规总院于 2003 年联合承担的勘测设计项目，2005 年建成蓄水。

工程采用清洪分治方案，很好地解决了多泥沙河流蓄水与泥沙的矛盾问题。

主槽、滩面、大堤分级采用低、中、高不同的设防标准，分级防洪安全与蓄水区和滨河生态公园分区完美协调。如滩面平台防护标准为 30 年一遇洪水，较高的防护标准，使随后建成的大型场景如统一广场、古渡遗址标准较高，成为咸阳的地标。

多元化的护坡、码头、踏步设计，使工程设计丰富多彩，赏心悦目。本工程成为咸阳市的标志性水生态工程，多年在此举办赏花节（桃花节、樱花节、郁金香节等）、龙舟节等大型公益活动。

工程具有良好的城市生态水景观效应，成为陕西地区早期生态治理的样板。

第2部分 二期治理工程（2011年）

5 二期工程基本情况
ERQI GONGCHENG JIBEN QINGKUANG ....●

5.1 河流自然条件

　　咸阳是一座历史文化名城，其悠久的历史蕴藏着极其丰富的人文资源。随着 2009 年《关中—天水经济区发展规划》的批复，"西（安）—咸（阳）经济一体化"协同发展成为必然。2010 年陕西省委、省政府批准实施《陕西省渭河全线整治规划及实施方案》。为此，咸阳市委、市政府提出以 2005 年举全市之力建成的"咸阳湖"生态示范工程为基础，进一步扩大咸阳市区河道综合治理范围，制定了渭沣两河四岸生态环境景观规划，充分利用咸阳市独有的"塬、城、河"自然和历史元素，规划尊重历史、复兴文化、改善生态、再铸辉煌，使之成为渭河上一颗明珠、西北最大的城市景观廊道。

　　随着西（安）—咸（阳）一体化协同快速发展，咸阳渭河河段左岸为咸阳市区，右岸已发展成为国家级新区—西咸新区，城市的快速发展对生态环境的需求问题日益突出。为此，2011 年我院开始对"咸阳湖"进行二期续扩建工程勘测设计工作。二期治理范围：上起西安与咸阳交界，下至上林大桥下游 1.0km，治理河道全长 16.82km（含一期"咸阳湖"全长 4.6km）。其中涉及陇

裸露的河滩地

河道内种植作物

海铁路桥以上渭河中游河段长 12.47km，陇海铁路桥以下渭河下游河段长 4.35km。"咸阳湖"二期在 2005 年建成"咸阳湖"的基础上向其上下游进行续扩建，进一步扩大咸阳城区河段生态水景观规模，实现渭河"洪畅、堤固、水清、岸绿、景美"的目标，把咸阳城区河段打造成生态景观长廊。

渭河咸阳城市段，自西安咸阳分界至西宝高速公路桥段，河道宽度由新河口宽度 1130m 渐变至 710m；西宝高速公路桥至陇海铁路桥段，河道宽度约 338～760m，河势稳定，是渭河中游有名的咸阳"十里峡"。陇海铁路桥以下河段，河道宽度渐变展宽约至 1330m，其中陇海铁路桥过洪断面宽仅 338m，形成卡口，影响泄洪。二期工程位于渭河中游的最下段和渭河下游的起始段，河道比降缓，仅 0.65‰左右，陇海铁路桥以上河段属中游段的最下段，该河段为冲淤基本平衡状态；陇海铁路桥以下河段属渭河下游的起始段，属淤积型河段。

5.2 工程现有问题

渭河河道内沿河采砂、无序种植现象严重，河槽主槽下切，水面与滩岸落差较大，现状河道与城市发展所要求的水环境差距甚大。

渭河自西向东穿过咸阳市区，是咸阳市重要的水利命脉，是咸阳市人民的母亲河，理应成为咸阳的形象河。2005 年咸阳城区段综合治理工程的建成，形成了优美的城市水生态，两岸城区生态环境得到极大改善，美丽的"咸阳湖"与其上下游未治理河段形成鲜明的对比。

渭河属多泥沙河流，汛期洪水峰高量大，非汛期干旱少水，加之上游工农业相对发达，用水量较大，城区未治理河段多处于干涸状态，没有可供观赏的水面，常年大部分滩面裸露，河道内杂草丛生，与市民要求改善生态环境、提高生活质量的愿望相悖。随着城市的建设和人民生活水平的提高，特别是"咸阳湖"工程的示范作用，市民要求进一步改善生态环境的愿望越来越迫切。

采砂形成河坎

护基坝及河道内种植作物

6 设计理念与目标
SHEJI LINIAN YU MUBIAO ·······························●

6.1 设计理念

设计理念包括：①人水和谐；②生态水利；③蓄水为主、滨河生态公园相融合；④泄洪安全、生态健康；⑤因地制宜，彰显地域文化特色。

6.2 设计目标

为适应现代化城市水利要求，在保障城市防洪安全的前提下，以"咸阳湖"为基础，通过对"咸阳湖"上下游约 16.82km 河道进行综合治理，营造优美的城市水生态，以期恢复河道生态功能，带动南北两岸整体开发规划，采用现代治河理念，在该区域营造出水（蓄水区）、园林（滨河生态公园）、桥（7 座桥群）、路（渭河大堤路）为一体的环境优美、风景秀丽、富有咸阳地域文化特色的渭河生态景观廊道，使渭河城区河道成为一道"水清、岸绿、景美"的靓丽风景线。

7 工程规划设计
GONGCHENG GUIHUA SHEJI ·······················●

7.1 总体治理思路

由于陇海铁路桥组处过洪断面宽仅 338m，形成卡口，泄洪受阻，因此，工程治理的前提首先应对铁路桥按 600m 堤距进行扩孔改建，确保南北两岸 100 年一遇的防洪安全。

在陇海铁路大桥扩孔的前提下，规划陇海铁路桥以上河段以蓄水形成大水面为主，滨河生态公园相融合；陇海铁路桥以下河段属淤积型河段，人工形成蓄水面条件较差，拟不筑坝蓄水，基本维持主河槽天然河道，两侧滩地形成生态公园为主。

7.2 水生态工程规划设计

以陇海铁路桥为界，上下段分别设计。

7.2.1 陇海铁路桥以上河段

以筑坝蓄水为主，采用上下两级蓄水 + 中段生态公园方案，两侧滩面滨河生态公园相融合，治理河段长 12.47km，形成两级蓄水区总长 7.14km，滩面生态公园河段长 5.33km。陇海铁路桥以上河段共新建 2 座坝，结合"咸阳湖"共形成上下游两级大水面区，蓄水区总长度为 7.14km，蓄水面宽 300 ~ 550m，水面面积 315 万 m^2（4725 亩含"咸阳湖"1800 亩），一次蓄水量约 570 万 m^3（含"咸阳湖"240 万 m^3）；此外，蓄水区左侧滩面滨河生态公园面积为 1265 亩，右岸带状绿地生态园面积为 850 亩。

7.2.2 陇海铁路桥以下河段

基本维持主河槽天然河道，两侧滩地形成生态公园，即：中水治导线以内的滩地为自然滩地，在中水治导线以外的两侧滩地以布置生态公园为主，左侧利用渭河及地下水的补给通过人工开挖方式，形成千亩水面，主题为"荷塘月色"，以种植荷花为主，重现咸阳渭河滩"十里荷塘"主题景观；右侧利用沣渭三角区形成"沣渭岛"生态公园，中部中水治导线之间的主河槽维持天然河道，河道长约 4.35km，两侧共布置生态公园 2150 亩。

7.3 园林景观设计

整个区域规划分为六大功能区：新河生态区和南营生态区，以运动为主题形成健身娱乐中心区域；钓台生态区为城市郊游区，由药田区、灌木区、休闲戏水区等构成；咸阳湖南槽生态改造区为自然生态滨水景观区；金家庄生态区、沣河口生态区为农业生态区，由十里荷塘、野生鸟岛、生态岛屿、药田、滩涂植绿地等组成。

8 创新与总结
CHUANGXIN YU ZONGJIE ······························

2011 年承担"咸阳湖"二期续扩建工程勘测设计工作，2016 年 1 号气盾坝已基本施工完成，并成功试运行。

（1）二期治理工程在渭河中下游过渡段首次创新地采用南北两侧漫滩生态园 + 中部主河槽蓄水的总体布置方案：主汛期（7—9 月）不蓄水，中部主河槽泄洪排沙，南北两岸滨河生态园可起到很好的生态景观效果；非汛期立坝蓄水，形成主河槽蓄水与两岸绿色交融的优美水生态效果。设计采用科学地调度运行方式来适应渭河的水沙特性，通过非工程措施很好地解决了蓄水与泄洪排沙的矛盾问题，并同时兼顾了南北两岸的水生态效果。

（2）二期治理工程在西北地区首次采用气盾坝这种新坝型，并成为国内规模最大的国产气盾坝。

陕西省渭河杨凌示范区水面及生态景观工程

1 工程基本情况
GONGCHENG JIBEN QINGKUANG......................•

1.1 地理位置

渭河杨凌示范区水面及生态景观工程地处杨凌示范区渭河干流河段。

杨凌示范区位于陕西关中平原中部，八百里秦川腹地，东距西安市 82km，西距宝鸡市 86km，前揖太白之秀，后负周原之美，东部、北部与武功县毗邻，西部与扶风县为邻，南部以渭河为界与周至县遥遥相望，是国务院批准的唯一一个农业高新技术产业示范区。

1.2 社会经济状况

1934 年，辛亥革命元老于右任先生，在杨凌建立了中国西北地区第一所农业高等专科学校——国立西北农林专科学校，即现在西北农林科技大学的前身。此后的几十年间，特别是新中国成立后，国家和陕西省在这里又陆续布局建设了一批农林水方面的科教单位，到 1997 年示范区成立时，这里共有 10 家农业科教单位，包括两所大学，5 个研究院所，3 所中专学校。在不足 4km² 的地方，聚集了农林水等 70 个学科近 5000 名科教人员，被誉为中国"农科城"。国务院于 1997 年 7 月 13 日在杨凌设立中国唯一的农业高新技术产业示范区，实行"省部共建"的领导和管理体制，由国家 19 个部委与陕西省共同领导和建设。2002 年陕西省委、省政府已明确提出要把杨凌建设成为关中城市群中具有一定经济实力的区域性中心城市，为拓展杨凌的发展空间提供了可能。

杨凌示范区现辖一个县级杨凌区，区辖四乡一镇，一个街道办事处，行政管辖范围 132.57km²，国民生产总值 47.3 亿元，城镇居民人均可支配收入 2.23 万元，农民人均纯收入 7128 元。

1.3 河流水系

渭河系黄河一级支流，发源于甘肃省渭源县鸟鼠山，自西向东经甘肃省的渭源、陇西、武山、甘谷、天水等地后于宝鸡凤阁岭进入陕西省，流经宝鸡、咸阳、渭南等地市后于潼关注入黄河，全长 818km，流域总面积 13.5 万 km²，杨凌示范区渭河段多年平均径流量 27 亿 m³。渭河洪水由暴雨形成，100 年一遇洪水 7740 m³/s，5 年一遇洪水 3240 m³/s。渭河是一条典型的多泥沙河流，黄河的主要沙源河流，工程区河段的泥沙主要来自林家村上游，汛期（7—9 月）输沙量占年输沙量的 78.75%，其中 7—8 月占 65.58%，而汛期输沙量又集中在几场大洪水中，汛期几场洪水输沙量占年输沙量的 65% 以上。非汛期（10 月至次年 6 月）输沙量仅占年输沙量的 21.3%，而在这 9 个月中，12 月至次年 2 月三个月输沙量仅占年输沙量的 0.1%，坝址多年平均输沙总量为 11436 万 t。

2 水文与地质

2.1 水文气象

杨凌示范区属暖温带半干旱半湿润气候区，季风盛行，四季分明，气候比较温和，在季风环流和地形地貌的影响下，常出现严重的"伏旱"现象。根据武功县气象站1961—1991年资料统计，多年平均降水量628.3mm，多年平均气温13.0℃，极端最高气温42.0℃（1966年6月19日），极端最低气温-19.4℃（1977年1月30日），最高月平均气温25.8℃，最低月平均气温-0.7℃。全年日照时数2027h，无霜期290d，最大冻土深度0.24m。

2.2 径流与泥沙

渭河属降雨补给型河流，洪枯流量悬殊较大，具有陡涨陡落的特点，工程坝址来水量为魏家堡以上来水量与区间来水量之和，再扣除魏惠渠引水量，坝址多年平均来水量27.02亿m³。

泥沙主要由暴雨对流域强烈的侵蚀作用形成，相对于渭河干流来说，区间支流的来沙所占比例较小，坝址多年平均输沙总量为11436万t。

2.3 设计洪水

渭河洪水由暴雨形成，由于受西太平洋副热带高压和西风环流形势的影响，渭河暴雨洪水主要发生在5—10月，尤其是7—8两月。根据魏家堡站61年实测数据统计，年最大洪峰出现在7—8月的洪水约占洪水总数的63.9%，6月和9月占29.5%，4月和10月仅分别出现一次和三次。年最大洪峰年际变化较大，魏家堡站1954年8月洪水实测最大洪峰流量5780m³/s，2002年最小仅214m³/s，极值比高达27倍。

工程坝址断面设计洪水计算成果表　　　　　　单位：m³/s

计算方法	P/%					备注
	1	2	5	10	20	
魏、咸站内插	7699	6725	5418	4158	3219	
魏家堡站面积比拟	7667	6679	5386	4123	3156	
咸阳站面积比拟	7980	7101	5683	4438	3707	
采用	7740	6770	5450	4180	3240	渭河可研

2.4 工程地质

2.4.1 区域地质

本区内地层主要以第四系松散堆积地层为主，主要分为两大类：一类为河流堆积地层，另一类为风成黄土类地层。其中河流堆积地层主要分布在渭河及各支流的现代河床、漫滩、各级阶地及秦岭北麓各支流出口洪积扇，主要组成物质为砂砾石或砂卵石层和阶地表层堆积的砂壤土及粉土层。风成黄土类地层主要分布在渭河两岸二级以上各阶地上部及黄土塬塬面，主要组成物质为 Q_3 马兰黄土、Q_2 离石黄土及多层古土壤。

据 1/400 万《中国地震动参数区划图》（GB 18306—2001），工程区地震动峰值加速度为 0.15g，地震动反应谱特征周期为 0.35s，相应的地震基本烈度为Ⅶ度。

区域内地下水类型主要为第四系孔隙潜水，主要含水地层为砂卵石及黄土地层，主要补给水源为大气降水，总体地下水流由西向东，两岸地下水补给河水。地表水与地下水水力联系明显，渭河及支流的漫滩和部分一级阶地潜水位主要受河水制约，水位年变幅一般为 0.8 ~ 1.5m。由试验可知河水及地下水对混凝土及钢结构均无腐蚀性。

2.4.2 蓄水区地质条件

蓄水湖区地层主要以中等透水的粗粒土，即第四系全新统冲积砂卵石（Q_4^{3al}）、粗砂（Q_4^{3al}）、中砂（Q_4^{2al}）、砂砾石（Q_4^{2al}）等为主，渗透系数 k=15 ~ 30m/d（1.74×10^{-2} ~ 3.47×10^{-2}cm/s），根据蓄水湖区 5 个 30m 深孔揭示，河床底 30m 深度范围内无连续的相对隔水层分布。

河道蓄水区主要工程地质问题为：湖区渗漏、对两岸的浸没影响以及蓄水区淤积。

2.4.2.1 湖区地层渗透性及堤基渗漏量

蓄水湖区渗漏主要通过两岸堤基侧向渗漏和坝基渗漏。本工程蓄水湖底无连续隔水层分布，可能产生渗漏的地层主要为粗砂及砂砾石层。在不防渗条件下，上下两湖区侧向渗漏总量为 4702 万 m³/a。其中，河流北岸总渗漏量为 2588 万 m³/a；南岸渗漏总量为 2114 万 m³/a。

2.4.2.2 蓄水区蓄水后地下水位变化对两岸环境的影响

（1）水位抬升的影响范围。水位上升幅度主要取决于初始水位、上升后水位、距离及水位变动影响半径等因素，依照建立的计算模型，经过分析计算，工程运行一年后，蓄水后地下水位影响导致的水位上升较为明显。坝址处水位上升幅度最大，分别为 3.0m 和 3.5m；两蓄水区中部分别上升 1.50~1.75m，水位上升波及范围在坝前 2.0km 较为明显，且具有随距离加大，升幅变小的规律。

（2）两岸浸没范围的确定。由于渭河北岸主要为居民建筑和工业区，浸没地下水临界埋深确定为 3.0m。渭河南岸工程影响区内主要为农田、苗圃和农村居民住宅，浸没地下水位临界埋深确定为 2.0m。根据计算结果，结合南北岸浸没临界水位埋深，不防排水体条件下各蓄水区浸没影响范围为 1 号坝址处北岸和南岸浸没范围分别在 1000m 和 500m 左右，蓄水区中段，北岸和南岸浸没范围分别在 200 ~ 300m 和 100m 之内。2 号坝址处北岸和南岸浸没范围分别在 1000m 和 500m 左右，蓄水区中段，北岸浸没范围在 200m 之内，南岸不产生浸没问题。

在护滩工程外侧采取排水体的条件下，1号坝蓄水后，北岸和南岸坝前水位抬升3.0m时，仅仅在河堤内侧水位有所抬高，而堤外和排水渠相接，排水渠北侧为区域地下水位，距离河堤100m处的地下水水位埋深分别达9.9m和9.0m。2号坝蓄水后，北岸和南岸坝前水位抬升3.5m时，仅仅在河堤内侧水位抬高，堤外距离河堤100m处的地下水水位埋深分别达5.8m和6.0m。

1号坝和2号坝蓄水区中部，由于水位抬升幅度仅1.50m和1.75m，所以，蓄水后堤内水位低于堤外地面高程，堤外无论南北两岸，地下水埋深最小达3.09m以上。随远离河堤，地下水埋深不断加大。

依据前述的渭河北岸和南岸地下水浸没临界埋深3.0m和2.0m计算，在布置排水体的条件下，湖区外，特别是排水渠外侧，地下水几乎不受蓄水影响，不存在浸没问题。

2.4.2.3 蓄水区淤积问题及评价

本工程设计方案为河道断面蓄水。勘察期间正值渭河洪水期，据现场观测，洪水携带悬移质泥沙含量较大，且每次洪水过后，河道都会形成淤积滩地。故认为湖区存在淤积问题，建议在工程运行期间，对蓄水湖区应定期进行清淤。

2.4.3 坝址工程地质条件

两座橡胶坝地层结构差别不大，地层岩性主要由表层粉土、粗砂、下部砂卵石及砂砾石层等组成。坝基主要工程地质问题为坝基渗漏、坝基渗透稳定性、地基土的震动液化以及坝址下游冲刷等。

（1）坝基渗漏量。坝基透水地层主要为砂卵石及砂砾石层，该两层均为中等透水地层，现场试验渗透系数 k=15 ~ 30m/d（1.74×10^{-2} ~ 3.47×10^{-2}cm/s），厚度大，且沿坝线分布连续，为坝基主要渗漏通道。经计算，在不采取工程防渗措施情况下，单座坝基向下游估算渗漏量为1.7万 ~ 1.9万 m^3/d。

（2）坝基渗透稳定性。渗透稳定性问题主要产生在坝基下的砂砾（卵）石层中，由各坝址地质剖面图可看出砂砾（卵）石层分两个时代，一层为河床及底漫滩 Q_4^{3al} 冲积物，呈松散状，一层为 Q_4^{2al} 冲积物，该两层均呈不连续分布。根据试验资料，地基砂砾（卵）石层的允许水力坡降 $J_{允}$=0.15 ~ 0.20，通过坝基下渗透水流的实际比降 $J_{实}$=0.12，$J_{实} < J_{允许}$，故不会产生渗透变形破坏。

（3）地基土的震动液化。工程区内地震基本烈度为Ⅶ度，地基土中粗砂，砾（卵）石呈现松散—中密状态，结合地质条件及地下水埋藏条件，经过判定：地基土卵石及砂砾石不存在地震液化问题。

（4）坝址下游冲刷。据野外调查及访问，凹岸河床最大冲刷深度可达5 ~ 6m，一般3.5m。建议冲积物质的允许不冲刷流速：砂卵石为0.6 ~ 1.4m/s，砂层为0.3 ~ 0.6m/s。

2.4.4 泵站和蓄水池地质条件

各橡胶坝配套的充排水泵站及蓄水池均布置于坝址左侧大堤背水侧以外堤脚，地貌单元为渭河高漫滩，地形平缓，地下水位埋深一般2.5 ~ 4.4m。地层结构上部为粉土层，厚度0.8 ~ 1.5m，中部为冲积粗砂层，厚度1.5 ~ 2.5m，下部为砂砾石层。

粉土层承载力较低，抗变形能力差，不宜作为建筑物基础，建议清除。粗砂层厚度变化大，承载力不高，存在地震液化可能性，若作为建筑物地基，必须进行工程处理。砂卵石及砂砾石层层位稳定，变形模量大，承载力较高，是良好的天然地基，建议将泵站基础置于下部砂砾石层之上。

2.4.5 天然建筑材料

本工程初选砂砾料场为揉谷料场，揉谷料场位于 1 号坝址上游约 2.0km 处的渭河漫滩，地形平坦，地下水位埋深一般 3.0~5.0m。混凝土用粗骨料储量约为 385.7 万 m³，细骨料储量约为 275.9 万 m³。混凝土粗骨料除软弱颗粒含量及含泥量偏大外，其余指标基本符合规范要求；混凝土细骨料除孔隙率偏大，含泥量偏大外，其余指标基本符合规范要求。料场有简易公路直达，运输条件较好。

石料场选有黑河团标沟、沣峪口石料场及位于工程区西北乔山南麓的韩家窑石料场。三个石料场基岩裸露均通公路，距杨凌堤防工程 30~80km，交通方便，除沣峪口料场软化系数偏低外，石料各项指标基本符合规范要求。

3 工程现状及存在问题
GONGCHENG XIANZHUANG JI CUNZAI WENTI ....●

3.1 工程区河段现状

渭河杨凌示范区河段基本处于渭河中游的中段偏下，其特性既不同于宝鸡河段，也有别于咸阳河段。工程区治理河段全长 8.8km，该河段总体呈东西展布，为宽浅"U"形河槽，现状河宽由上游杨凌、扶风分界处的 1800m，渐变到主城区河段的 720 ~ 870m，河段平均比降约 1.4‰，携沙能力较强。工程区河段基本处于微弯河段，河道较为规整，主流摆动不大，主槽较深，滩槽明显，受两岸堤防的约束，总体河势稳定，长期而言，河道纵向冲淤基本处于平衡状态，但近 30 年河道以冲刷为主，河槽下切明显，特别是近十余年该河段主槽水流冲刷严重，主河槽下切较深，平均下切 2 ~ 4 m。

工程河段无城市污水排入。杨凌示范区目前已对城市雨污水进行统一规划设计，污水已集中排放至下游污水处理厂。

此外，工程区河道采砂日益严重，南北两岸，特别是南岸周至一侧河滩地大量种植高秆作物和苗圃等，违背《中华人民共和国防洪法》，对河道安全泄洪构成隐患。

滩地裸露

无序开垦

砂石料开采场

河道杂乱无章

小河干枯

3.2 防洪工程现状

工程区河段位于城区，地理位置重要，是防洪重点区段。

工程区现状两岸堤防已形成完整体系，对稳定河势，防止中小洪水泛滥起到了有力的保障作用。但就现状堤防而言，工程区左岸东围堤与西围堤之间的 5.59km 堤防修建于 2003 年，原设计防洪标准为 50 年一遇洪水，堤防级别 2 级，砂砾石填筑，梯形断面，堤高 5.2 ~ 7m，其中杨凌水上运动中心处约 1.6km 堤防为复式断面，堤顶与坡脚之间有 3 ~ 7m 宽的平台，现状堤防临背水侧边坡 1：2.5，临水侧采用 M7.5 浆砌石护坡，背水侧为 C15 混凝土网格内植草皮。左岸其余堤防和右岸现状堤防（现隶属于西安市周至县）原设计标准均按 "54" 型洪水设防，堤防级别为 4 级，砂砾石梯形断面，堤顶宽度 6m，临水侧边坡 1：2.0，采用干砌石护坡，背水侧边坡 1：2.5，堤防经过多年的运行后，部分堤防老化破损，已不能满足原设防标准要求。根据《陕西省渭河全线整治规划及实施方案》左岸杨凌示范区堤防设计标准应为 100 年一遇洪水，现有部分堤防不满足设防要求；右岸周至堤防设计标准应为 50 年一遇洪水，堤防均不能满足设计标准要求。

就堤距而言，符合和满足《渭河中游防洪工程可研报告》所确定的堤距要求，亦满足河道的行洪要求。

工程区左岸堤防加固改造目前已纳入《陕西省渭河全线整治杨凌堤防工程初步设计报告》并正在实施，加固设计防洪标准为渭河 100 年一遇洪水；工程区右岸堤防加固改造目前已纳入《陕西省渭河全线整治周至堤防工程初步设计报告》，加固设计防洪标准为渭河 50 年一遇洪水。

3.3 存在的主要问题

渭河属多泥沙河流，汛期洪水峰高量大，非汛期干旱少水，加之上游工农业相对发达，用水量较大，多年来，上游来水量日趋减少，杨凌示范区段河道多处于干涸状态，没有可供观赏的水面，常年大部分滩面裸露，河道内杂草丛生，农民无序开垦种植，采砂现象十分严重，这与城区环境极不协调，与国务院、省政府、杨凌区政府及当地居民要求改善生态环境的愿望相悖，也与中国农业高新技术开发区的城市环境改善和发展要求很不适应，已经远不能适应杨凌示范区城市的发展要求，影响了杨凌示范区的整体形象，制约着城市经济的发展，城市生态环境问题亟须解决。

4 设计理念与目标
SHEJI LINIAN YU MUBIAO ....●

4.1 设计理念

防洪安全、生态健康、人水和谐。

4.2 设计目标

针对杨凌示范区主城区及城市总体规划，河道治理范围以杨凌主城区为中心，上起杨凌扶风分界，下至渭河大桥下游约 600m 处，治理河段全长约 8.8km。

通过本工程的建设，在保障城市防洪安全的前提下，利用部分河道蓄起一片水面；同时，修建护滩工程，美化两岸滩地，构建滨河生态园区，营造优美的城市河流水生态，旨在该区域营造出水（蓄水面）、园林（滨河生态公园、绿地生态园）、桥（渭河大桥）、路为一体，富有杨凌地域特色的优美景区，形成杨凌示范区一道靓丽的渭河景观带。

因此，本工程的功能定位首要是防洪，其次是蓄水，改善城市河道生态环境，把杨凌示范区渭河河段建成集防洪、水利、旅游休闲等多功能为一体的环境优美、风景秀丽、地域特色和历史文化特色鲜明的园林化景区，同时确保市区防洪标准达到 100 年一遇。

5 规划设计
GUIHUA SHEJI ....●

5.1 防洪标准及建筑物级别

根据《杨凌城乡总体规划（2010—2020）说明书》，规划 2020 年杨凌示范区城区人口 30 万人，依据《防洪标准》（GB 50201—94），2020 年杨凌示范区为中等城市规模，防洪标准为 50 ～ 100 年一遇；根据《陕西省渭河全线整治规划及实施方案》《陕西省渭河全线整治杨凌段堤防工程初步设计报告》，杨凌示范区段北岸堤防防洪标准为渭河 100 年一遇，南岸周至段堤防防洪标准为渭河 30 年一遇；《杨凌"一河两岸"片区概念性总体规划》中，南岸堤防外侧周至片区将规划为滨河休闲居住区、现代农业生产区和观光区，因此，综合分析确定南岸堤防防洪标准为渭河 50 年一遇洪水。工程区北岸堤防防洪标准为渭河 100 年一遇洪水，设计洪峰流量 7740m³/s；南岸周至段堤防防洪标准为渭河 50 年一遇洪水，设计洪峰流量 6770m³/s。护滩工程的作用主要是保护滨河生态园免遭一定标准洪水的影响，同时为生态园与蓄水景观区之间的隔堤，兼起亲水平台的作用。对造床流量、10 年一遇、5 年一遇，从水面线、投资角度以及滨河生态园淹没频次和淹没损失等方面，并借鉴渭河中游目前已建成运行的河道水景观工程设防标准，从有利于工程区河段的整体防洪安全，综合分析确定生态园护滩工程防洪标准为渭河 5 年一遇洪水，设计洪峰流量 3240m³/s。

根据确定的防洪标准，依据《堤防工程设计规范》相应的左岸堤防工程为 1 级，右岸堤防工程为 2 级，护滩工程为 5 级。

橡胶坝坝高 3 ～ 3.5m，平时立坝蓄水，蓄水区容积为 400 万 m³，根据《水利水电工程等级划分及洪水标准》（SL 252—2000），本蓄水工程为Ⅳ等小（1）型工程，结合《橡胶坝技术规范》（SL 227—

1998）要求，确定本工程主要建筑物橡胶坝、泵房和储水池等按 4 级建筑物设计，次要建筑物护滩工程按 5 级设计。

5.2 总体规划设计

治理河段总体东西向展布，规划在 720 ～ 870m 宽的河道内，采用南、北侧滨河生态园 + 中部河道蓄水治理方案，将河道自北至南划分为北侧滨河生态园、蓄水区、南侧绿地生态园三部分：北侧（左侧）约 40 ～ 150m 宽的河道为滨河生态公园，南侧（右侧）依堤约 100 ～ 190m 宽的河道为绿地生态园，剩余约 450 ～ 600m 宽的中间主河槽为蓄水区，同时兼有蓄水和泄洪排沙的功能，利用现状夹心滩，形成"湖心岛"，面积约 140 亩；蓄水区与南北两侧滨河生态园之间均以护滩工程相隔，护滩工程既起隔堤作用，又是亲水平台。北侧滨河生态公园 730 亩，宽 40 ～ 150m，护滩工程长 5.5km；南侧绿地生态园 940 亩，宽 100 ～ 190m，护滩工程长 5.3km。总体形成南北两侧滨河绿化带与河道中部蓄水区有机协调，水和绿色相互交融，相得益彰，营造环境优美的滨水生态区。

5.3 主河槽蓄水区设计

中部主河槽规划为蓄水区，在蓄水区河道内共布设两座橡胶坝，形成两级基本连续的蓄水区，上游 1 号坝坝高 3.0m，形成蓄水水面长 2.14km；下游 2 号坝坝高为 3.5m，形成蓄水区长 2.42km，两级蓄水区总长度 4.56km，蓄水面宽 450 ～ 600m，水面面积 237 万 m^2（3560 亩），一次蓄水量约 400 万 m^3。

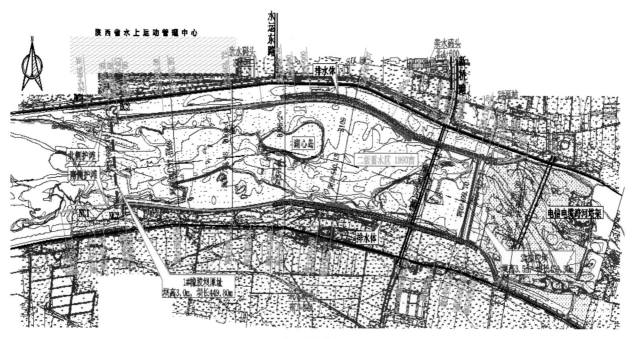

工程平面布置图

南北侧护滩设计标准为 5 年一遇洪水，护滩顶宽 3m，临水边坡采用缓坡生态防护。北侧为主城区，沿护滩全线设置亲水平台，并相间设置伸入水面的亲水看台、码头和踏步，形成亲水的多样性，丰富景观功能。

5.4 园林景观设计

园林景观设计在南北两侧生态区。

南侧生态公园以生态农业观赏为主题，通过园路穿插与分割，将区域分为长条形种植区块，种植适宜河滩生长的农作物，适当设置小型休闲广场与休息坐凳，供游人及农民耕作休息之用。田间空地设置有关远古农业文明的主题雕塑，让人们在欣赏农田风光的同时还能感受到远古农业的气息。

北侧为城市滨河生态主题公园，根据地段及场地特征分为三个不同主题区，由东向西依次为："花卉观赏区""绿杨荫里""生态湿地"三个不同主题区。三个主题区各具特色和功能，同时相互关联成为一个整体。

2 号坝蓄水后 3 号码头与杨凌至周至大桥

2 号坝宣泄洪水

2号坝北岸子堤　　　　　　　　　　　黄昏湖岸

湖心岛和亲水平台

5.5 运行方式

5.5.1 运行原则

由于该工程属城市水景观工程，运行时应尽量减少泥沙淤积，并利用洪水过程有效地冲淤排沙。

工程运行的原则为：主汛期（7—9月）不蓄水，全河道过洪；工程管理充分利用工程区上游渭河水情预报系统，汛期上游来水低于5年一遇（3240m³/s）洪水时，由蓄水区河槽泄洪；当预报上游来水大于5年一遇洪水时，蓄水区与生态公园共同泄洪，达到畅泄洪水的目的，确保市区防洪安全；非汛期通过对橡胶坝的灵活控制，以适应上游不同量级的洪水下泄、排沙，保证蓄水区的平稳运行；同时通过对某一坝段坝高的控制，保证蓄水期间下游生态基流的安全下泄。

5.5.2 橡胶坝调度运行方式

橡胶坝修建在多泥沙的渭河干流上，工程的运行原则及方式应符合渭河的水沙特性，确保防洪安全、减少泥沙淤积、延长蓄水区的使用时间。因此，工程运行方式应结合上游来水、来沙条件，通过预报进行科学调度。

本工程建成后实现水量自动调节平衡，尽可能减少橡胶坝塌坝次数。

（1）主汛期（7—9月），橡胶坝塌坝泄空，空库运行，以便于洪水泥沙下泄。

（2）非主汛期立坝蓄水，形成景观水面，根据上游水情预报，当来水流量小于300m³/s时，橡胶坝可不塌坝，采用坝顶溢流方式泄洪。

（3）当上游来水流量为300m³/s < Q ≤ 600m³/s或含沙量大于15%时，需要塌一个坝段进行泄洪排沙，其余坝段可不塌坝。

（4）当上游来水流量为600m³/s < Q ≤ 1000m³/s或含沙量大于15%时，需要塌两个坝段进行泄洪排沙，其余坝段可不塌坝。

（5）当上游来水流量大于1000m³/s时，蓄水区需要提前全河道塌坝泄空，保证河道行洪安全。

（6）当预报来水量5年一遇洪水时，橡胶坝全部塌坝，生态园区和蓄水区共同泄洪，以保障全河道行洪。

5.6 水工设计

工程主要建筑物包括橡胶坝、北侧护滩、南侧护滩、泵房和蓄水池等。

5.6.1 橡胶坝

规划对工程区河道进行适度的疏浚平整，在蓄水区河道内共布设两座橡胶坝，形成两级基本连续的蓄水区，上游1号坝坝高3.0m，坝长449.80m，设计划分为5个坝段，各坝段长89.0m；下游2号坝坝高为3.5m，坝长为459.3m，设计划分为5个坝段，各坝段长90.9m；各坝段间设置中墩，中墩宽1.2m，各坝段均可独立塌泄。橡胶坝段沿河道方向主要由以下几部分组成：上游防冲槽段、钢筋混凝土铺盖段、橡胶坝底板段、消力池、海漫及下游格宾笼石防冲段。1号橡胶坝上游防冲槽段长4.0m，铺盖段长8.0m，橡胶坝底板段长10.0m，消力池段长10.0m，海漫段长15.0m，下游格宾笼石防冲段长5.0m。2号橡胶坝采用二级消能，上游防冲槽段长4.0m，铺盖段长10.0m，橡胶坝底板段长12.0m，一级消力池段长10～22m（靠近左岸护滩的两个坝段后消力池长22.0m，其余均为10.0m），池深1.4m，海漫段长18m，海漫段后二级消力池池长14.4～19.8m，池深1.4m，二级海漫段长18m，海漫末端布设现浇C20混凝土防冲墙，墙底位于深泓以下3m，下游格宾笼石防冲段长10.0m，抛石段长3m。

橡胶坝袋采用充水枕式彩色橡胶坝，锚固型式为楔块挤压式，并采用双锚线布置。

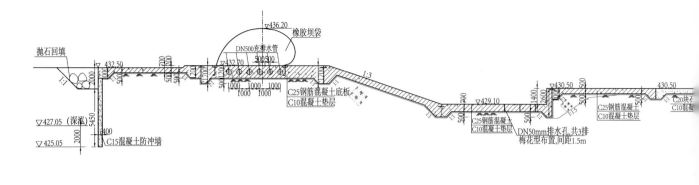

坝袋主要技术参数表

序号	项　目	1 号坝	2 号坝
1	坝高 /m	3.0	3.5
2	坝长 /m	449.80	459.30
3	坝底板高程 /m	436.10	432.70
4	胶布规格	二布三胶	二布三胶
5	坝袋厚度 /mm	10	10
6	内压比 H_0/H_1	1.3	1.3
7	坝袋有效周长 /m	10.59	12.358
8	底垫片有效长度 /m	5.64	6.58
9	坝袋单宽面积 /m²	15.48	21.07
10	坝袋安全系数	10	10
11	坝袋抗拉力 /（kN/m）	360	490
12	坝袋拉力 /（kN/m）	36	49
13	坝袋容积 /m³	6890	9579

5.6.2 南、北侧护滩工程

南北侧护滩工程布置基本按照"有滩则护、无滩不造"的原则，在适度整理和基本维持滩唇自然走向现状的基础上，形成自然的滩边线。北侧护滩工程长 5.5km，南侧护滩工程长 5.3km，设计标准 5 年一遇洪水，护滩顶宽 6.0m，护滩工程顶高程原则按与 5 年一遇洪水位齐平控制，不加超高；对于景观蓄水位超过 5 年一遇洪水位的各级橡胶坝前深水区段，护滩工程顶高程按蓄水位加 0.5m 控制，各级橡胶坝段的护滩工程上下游存在一定高差，设计以缓坡或台阶相衔接，保证游人或电平观光车全线通行。护滩工程的断面型式以梯形断面和梯形复式缓坡断面为主进行控制，深水区采用梯形断面，临水侧边坡 1∶2，护滩顶部平台作为亲水平台，亲水平台宽 6.0m，平台采用彩色混凝土路面或者彩色广场砖铺砌，临水侧设置防护栏杆。浅水区采用梯形复式缓坡断面，临水侧布设 6.0m 宽亲水平台，并

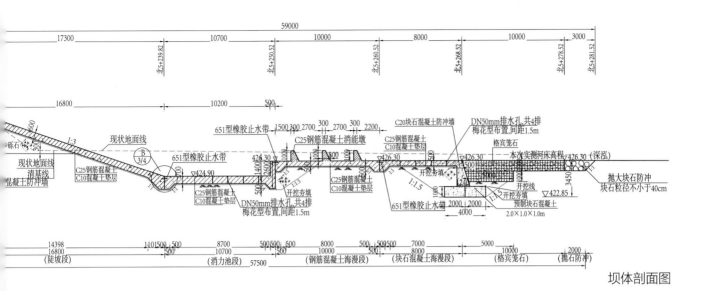

坝体剖面图

以 1：5 ～ 1：10 的缓坡自然过渡至河底，背水侧以缓坡与滨河公园衔接，设计临背水侧边坡力求自然。亲水平台以下部分采用格宾垫植草防护，坡比为 1：5，护坡下铺设两布一膜复合土工膜防渗，规格为 0.3mm PE 膜、200g/m² 的土工布，在格宾垫与土工布之间设厚度为 300mm 的砂砾石垫层，以保护复合土工膜。亲水平台以上部分也采用格宾护垫植草生态防护形式，与滨河公园以缓坡自然衔接。护滩基础采用分段设计，即各橡胶坝坝前的深水区（约 500m 范围）采用刚性基础，基础埋深为深泓以下 2.0m；其余护滩工程基础优化调整为水平格宾笼石柔性浅埋基础，控制防冲深度为深泓以下 0.5m。

5.6.3 泵站和蓄水池

考虑两座橡胶坝相距较远，不宜采用一座泵站控制多座橡胶坝的布置模式，采用一座泵站控制一座橡胶坝的布置模式，共布设两座泵站，并将位于工程区中部的 2 号泵站作为中心控制室和工程管理处。泵站厂房沿堤顶顺河道水流方向布设，每座长 27.0m，宽 12.0m。厂房室内分上下两层布置，上层为控制层，层高 6.5m，机组间距、开间尺寸均为 4.5m。厂房室内主要布置有检修间、柴油发电机室，控制室、高 / 低压开关柜配电装置、变压器、值班室等；下层为水泵层，层高 8.0m。水泵基坑层各安装 5 台卧式离心水泵机组，为一列式布置，水泵机组净间距为 1.5m；巡视通道宽 2.0m，布置在厂房进水侧，巡视和检修交通跨越管道采用"移动式丌型钢梯"。水泵层采用整体梁板柱肋型结构，C25 钢筋混凝土整体浇筑。地上副厂房采用 C30 钢筋混凝土框架结构，砌砖维护墙。

考虑运行期反复充坝等工况，为节约水资源，橡胶坝坝袋充水水源选择地下水，即就近于渭河河滩地打井抽水充坝。由于井水出水量不能满足立坝的时间要求，同时塌坝时为了使坝袋内的水可以部分实现重复利用，因此，泵站需修建储水池储存水量。为运行管理方便和避免碍洪，设计在橡胶坝左岸堤顶滨河大道外侧紧贴泵站修建储水池，供橡胶坝充排水使用。1 号坝袋有效容积为 6890m³，2 号坝袋有效容积为 9579m³，设计确定按单坝段容积来进行控制，其中 1 号储水池有效容积为 1500m³，2 号储水池有效容积为 2000m³。考虑池体较长，为防止池基产生不均匀沉降等不利因素而造成池体开裂渗漏，将储水池分为 2 个单池体分基布置。储水池设 DN1000 进出水钢管 1 根，DN1000 溢流管 1 根。钢管穿池体处均设防水套管。

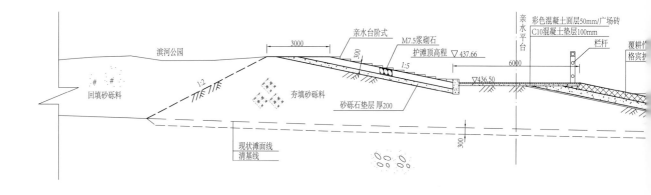

护滩横断面设计图（亲水台阶式断面）

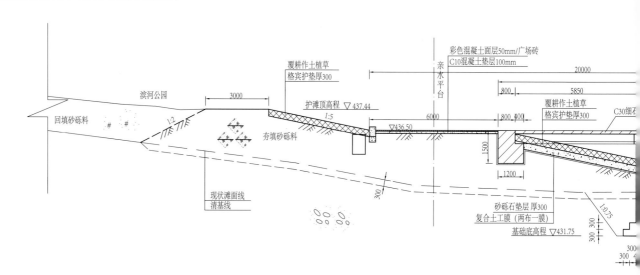

护滩横断面设计图（亲水码头断面）

5.7 水景观设计

在每一级蓄水区的深水区南北侧各布设两个深入水面、规模较大的亲水码头，便于游人亲水和游船停靠，其余部分可结合两侧滨河生态园，沿护滩工程顶部间隔挑出一些规模较小、形式多样的亲水平台，形成亲水的多样性，丰富景观功能。

为满足亲水和景观总体布局要求，在护滩沿线顶宽 6m 的基础上，为体现变化、亲水、美观的设计理念，在适当位置向蓄水区内外挑，布设规模适度、造型各异的亲水码头 6 处；并利用对临水侧边坡的适当调整外挑布设一定长度的亲水木栈道，木栈道外挑宽度为 1.5m，两岸各布置 1000.0m。外饰材料以护滩沿线顶宽 6.0m 亲水平台为主基调，亲水码头和木栈道范围采用不同色彩、不同饰面进行点缀。亲水码头的规模按顺水流方向长度 150.0m，总宽度 20.0m 进行控制，其中 6.0m 宽度与护滩顶部重合，伸入河道内宽 14.0m。

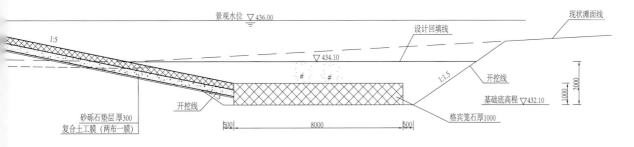

5年一遇洪水位 ▽437.66

景观水位 ▽436.00

现状滩面线

设计回填线

▽434.10

开挖线

1:1.5

基础底高程 ▽432.10

2000

1:5

开挖线

砂砾石垫层 厚300

复合土工膜（两布一膜）

500 8000 500

格宾笼石厚1000

深泓高程 ▽429.01

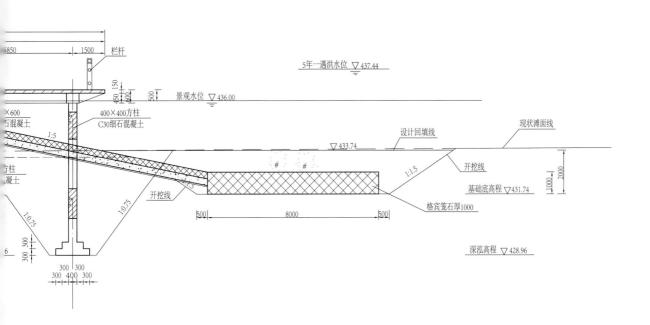

850 1500 栏杆

450 150

500

×600

石混凝土

400×400方柱

C30细石混凝土

5年一遇洪水位 ▽437.44

景观水位 ▽436.00

现状滩面线

设计回填线

▽433.74

1:5

开挖线

1:1.5

开挖线

1:0.75

基础底高程 ▽431.74

2000

1000

格宾笼石厚1000

500 8000 500

300 300

300 400 300

深泓高程 ▽428.96

方柱

凝土

1:0.75

6

300 300

6 创新与总结

CHUANGXIN YU ZONGJIE ....●

　　设计首次创新采用南、北侧生态园＋中部河道蓄水布置方案：主汛期（7—9月）不蓄水，中部主河槽泄洪排沙，南北两岸滨河生态园可起到很好的生态景观效果；非汛期立坝蓄水，形成主河槽蓄水景观与两岸绿色交融的优美生态景观。设计采用科学地调度运行方式来适应渭河的水沙特性，通过非工程措施很好地解决了蓄水与泄洪排沙的矛盾问题，并同时兼顾了南北两岸的水生态景观效果。

　　通过水文地质分析和水量平衡分析，对蓄水区河段不防渗，很好地保持了河道蓄水区与北岸水上运动中心的水力联系。

　　此次工程成功采用柔性充水枕式彩色橡胶坝技术，使得河道蓄水、泄洪排沙完美结合。

陕西省宝鸡市渭河河段
防洪暨生态治理工程

1 工程基本情况

GONGCHENG JIBEN QINGKUANG ....●

1.1 城市发展规划

宝鸡市毗邻甘肃、宁夏、四川3省（自治区），位于西安、兰州、成都三大城市之间，是陕西省第二大城市，我国青铜器之乡，地处关中平原西部，位于渭河中游干流最上段，渭河东西向穿越市区中心地带，市区沿河谷延伸，呈带状分布。

城市规划沿渭河河谷延伸发展，重点打造石鼓山公园区域，市委市政府东迁至代家湾拓展城市骨架等，2010年，城市总人口达到83.8万人，城市建设用地7123hm²，规划于2010年实现国民经济和社会环境发展相适应，加强和完善基础设施建设，恢复和建立自然生态平衡，为市民创造一个舒适、安居乐业的生活环境，实现"生态城市"的建设目标。作为关中—天水经济区次核心城市之一，规划2020年城市建成区人口达到120万人，面积控制在130km²，将建成区域重要的交通枢纽，国家新材料研发和生产基地，生态园林城市。

1.2 河流自然条件

宝鸡市属暖温带半干旱半湿润气候区，四季分明，市区气候比较温和。多年平均降水量695.8mm，多年平均气温12.9℃，全年日照时数1869h，无霜期217d，最大冻土深度0.3m。

渭河系黄河一级支流，发源于甘肃省渭源县鸟鼠山，自西向东经甘肃省的渭源、陇西、武山、甘谷、天水等地后于宝鸡凤阁岭进入陕西，流经宝鸡、咸阳、渭南等地市后于潼关入注黄河，全长818km，流域总面积13.5万km²。

渭河干流修建有宝鸡峡渠首工程，经宝鸡峡渠首下泄至渭河的多年平均水量为14.62亿m³，平均流量46.38m³/s。宝鸡市防洪标准为100年一遇，设计洪峰流量为7590m³/s。

治理前状况

渭河是一条典型的多泥沙河流，黄河的主要沙源河流，宝鸡段实测最大断面含沙量达 886kg/m³，汛期（7—9月）输沙量占年输沙量的 77.2%，城区河段多年平均悬移质输沙量 9120 万 t，其中宝鸡峡下泄沙量占坝址输沙量的 99.2%。

宝鸡市区渭河河段属山区河流向平原河流的过渡段，总体呈东西展布，为宽浅"U"形河谷，河流主槽蜿蜒曲折，平面上呈连续的"S"形。市区段河道平均比降 2.1‰，河道宽 580 ~ 720m，河床多为砂卵石，耐冲力较强，河势稳定，主流南靠，北岸滩地相对较高，治理河段为冲刷型河段。

1.3 工程现状及存在问题

宝鸡市区两岸堤防已基本形成完整体系，对稳定河势、防止中小洪水泛滥起到了有力的保障作用。城市东扩代家湾河段，左岸堤防建于不同年代，标准低、有约 30% 堤防质量差，堤基埋深浅，左岸堤防不足以防御渭河 100 年一遇洪水的能力，城市防洪安全亟须解决。

渭河自宝鸡市区穿城而过，汛期洪水峰高量大，含沙量高；非汛期河道流量小，水质污染严重，生态环境恶劣。渭河自城区穿过，但可供观赏的水面极少，主槽较窄，滩面裸露，河道内乱采、乱堆、乱种现象严重，河道滩地杂草丛生、人为淤地造田，与城市环境的改善和发展要求不相适应，严重影响了宝鸡市整体形象，制约了宝鸡市经济的发展。随着城市的东扩，工程区河段现状与之形成极大的反差，改善市区河段生态环境现状十分必要。

2 设计理念与目标
SHEJI LINIAN YU MUBIAO ....•

渭河东西向穿越市区中心地带，根据宝鸡市城区规划，工程布置在满足河道行洪能力前提下，满足游人亲水功能，使水利工程设计与两岸景观浑然一体。

2.1 设计理念

设计理念包括：①人水和谐的治水理念；②蓄水为主、滨河生态公园相融合；③生态蓄水与地域文化相融合；④河流生态区作为城市发展的载体，赋予其生态、亲水、休闲、娱乐等城市服务功能。

2.2 设计目标

针对宝鸡市主城区及城市东扩规划，市区河段分两段进行生态治理：石鼓山河段（3.7km）与代家湾河段（1.8km）。

在保障城市防洪安全的前提下，疏浚整治河道，修建堤坝，利用部分河道蓄起一片水面，以期恢复河道生态功能，体现人和自然的亲和性。通过市区河段生态治理建设，修复河段生态，在石鼓山河段营造出山（石鼓山）、水（蓄水区）、园（石鼓山公园、渭河生态园）、路为一体的优美景区；在代家湾河段营造出桥（蟠龙大桥）、水（景观水面）、园林（右侧生态公园）、路为一体的优美景区，构成宝鸡市区靓丽的渭河风景线。

3 工程规划设计
GONGCHENG GUIHUA SHEJI ·····························●

工程规划设计与城市及河道两岸的建设、景观协调一致。

3.1 石鼓山河段

根据宝鸡段渭河特性，将整治段河道划分为蓄水区、河滩生态公园两部分，两者设护滩子堤相隔。规划左侧200m河滩地为上马营渭河生态园，右岸堤防与生态园护滩工程之间的右侧河槽为蓄水区，形成右侧蓄水区为主、左侧滨河生态公园相融合的渭河生态景观区。

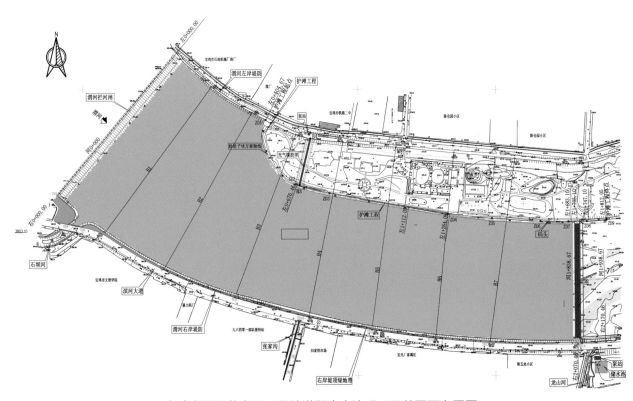

宝鸡市渭河龙山河口段防洪暨生态治理工程总平面布置图

3.1.1 右侧蓄水区设计

在右岸堤防与护滩子堤之间的右侧蓄水区河道，规划修建两座橡胶坝，坝址分别规划在1号龙山河口上游50m处、2号茵香河口下游50m处，两座坝高均为3.5m，形成两级连续蓄水区，1级蓄水长1.84km、2级蓄水长1.7km，两级蓄水区总长3.54km，蓄水区宽405～620m，水面面积158万m²，总蓄水量283万m³。本次新规划蓄水区回水至上游2004年建成的拦河闸蓄水区，与上游拦河闸1.65km蓄水区梯级相连，共同构成石鼓山下总长4.2km的城市生态蓄水景观带。

1号坝采用全河道橡胶坝挡水布置方案，坝长408.71m，划分为5个坝段，各坝段长81.51m，各坝段均可独立塌泄。橡胶坝为充水枕式蓝色橡胶坝，螺栓双锚线锚固。

2号坝规划采用桥坝联合布置方案，跨河桥梁采用廊桥，桥下布置拦河坝，拦河坝采用橡胶坝＋水闸布置方案，橡胶坝坝长393m，共设5个坝段，各坝段均可独立塌泄，中墩宽度为4.5m，中墩兼做廊桥桥墩；泄水闸位于右岸，闸门挡水高4.0m，闸室净宽12.68m。闸孔型式采用开敞式平底宽顶堰，闸门采用一孔弧形门，孔口宽8.5m，橡胶坝为充水枕式蓝色橡胶坝，螺栓双锚线锚固。2号坝布置见2号坝平面布置图。

橡胶坝塌坝均采用强制抽排，塌坝泄空时间控制为1.5h。泵站均布置在右岸堤防外侧。

3.1.2 左侧河滩规划

河道左侧河滩规划为200m宽的渭河滨河生态园，面积约900亩，生态园与右侧蓄水区之间布设3km护滩子堤，护滩工程顶高程与3000m³/s流量水位齐平，公园上游进口为临时封堵段，采用自溃沙质子埝挡水，下游末端出口畅泄，不设防护措施。

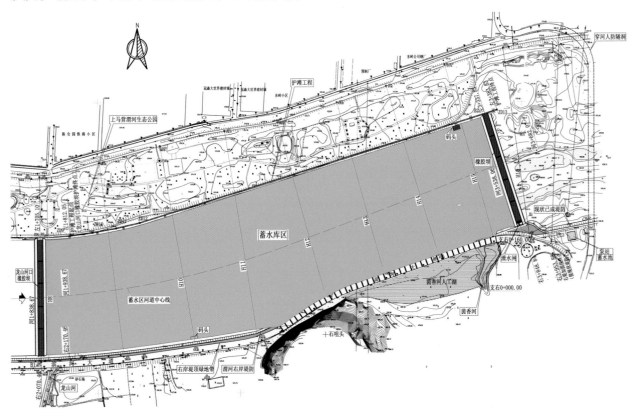

宝鸡市渭河茵香河口段防洪暨生态治理工程总平面布置图

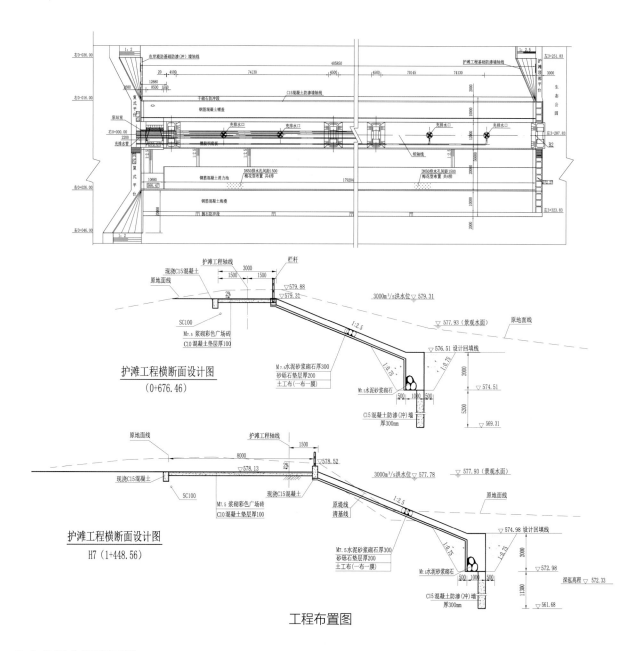

护滩工程横断面设计图
(0+676.46)

护滩工程横断面设计图
H7（1+448.56)

工程布置图

3.1.3 联合调度运行

工程运行管理中，与上游宝鸡峡、拦河闸等工程联合调度运行，并充分利用渭河水情预警系统，当预报上游来水接近 3000m³/s 洪水时，及时采用沙质子埝自溃和人工挖除相结合的方式使公园进口及时打开行洪，以确保城市防洪安全。

3.2 代家湾河段

3.2.1 生态工程规划设计

该河段左侧为主槽，右侧为漫滩，根据宝鸡段渭河特性，并结合左岸为市委市政府新址所在地的城市格局，规划将 1.8km 整治段河道划分为左侧蓄水区、右侧河滩生态园两部分。两者设护滩子埝相隔，右侧河槽约 200m 河滩地为生态园区，左岸堤防与护滩子埝之间的河槽为蓄水区。

二号橡胶坝　睡莲花开

右岸堤防　左岸子堤

治理前效果图

蓄水区布设一座橡胶坝，坝址位于蟠龙大桥下游约 1300m 处，设计采用全河道橡胶坝挡水方案，坝高 3.5m，形成一级蓄水区，蓄水水面长度为 1.7km，蓄水区宽约 405～440m，水面面积约 73.2 万 m^2，总蓄水量 121.3 万 m^3。蓄水库区回水至蟠龙大桥上游约 400m 处，末端与原河道自然衔接。

橡胶坝坝长 406.80m，划分为 5 个坝段，各坝段长 80.40m，各坝段均可独立塌泄，塌坝泄空时间控制为 1.5h。

治理后实景图

治理后实景图

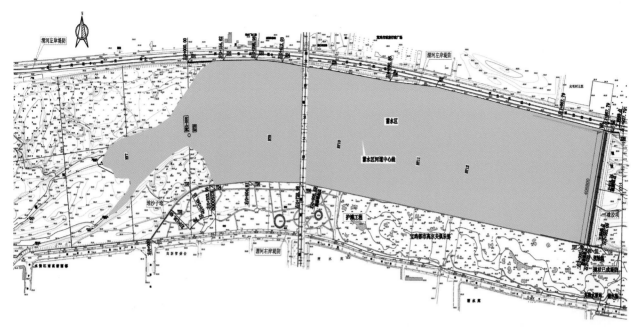

宝鸡市渭河代家湾段防洪暨生态治理工程总平面布置图

右侧河滩规划为 200m 宽、长 2.1km 的渭河滨河生态园，面积约 630 亩，生态园与右侧蓄水区之间布设 3km 护滩子堤，护滩工程顶高程与 3000m³/s 流量水位齐平，公园上游进口为临时封堵段，采用自溃沙质子埝挡水，下游末端出口畅泄，不设防护措施。

3.2.2 联合调度运行

工程充分利用渭河水情预警系统，与上游宝鸡峡、拦河闸、龙山河及茵香河橡胶坝工程联合调度，当预报上游来水接近 3000m³/s 洪水时，根据报汛，及时采用沙质子埝自溃和人工挖除相结合的方式使右侧生态区进口及时打开行洪，以确保城市防洪安全。

4 创新与总结

CHUANGXIN YU ZONGJIE..............................●

本工程首次采用橡胶坝与廊桥联合布置的桥坝合一方案，既解决了两岸城区交通问题，又筑坝蓄水形成优美的生态蓄水景区，桥坝址完美的结合，自身形成一处建筑景观。坝后消能按主槽和漫滩分段消能设计，右侧 2 个坝段为主河槽坝段，采用两级消能措施，与主槽深泓平顺衔接，避免了大量回填以及对河道比降的影响，其余漫滩坝段采用一级消能措施。

蓄水区和坝基防渗均采用 C15 混凝土垂直防渗墙处理技术，C15 混凝土防渗墙厚 0.4m，均深入下层砂质黏土层以下 1.0m，很好地避免了蓄水区两岸城区浸没影响问题。河道生态工程与上游宝鸡峡、拦河闸同步运行，有效减少渭河泥沙的淤积。

甘肃省天水市麦积区渭河城区段防洪及环境治理工程

1 工程基本情况

GONGCHENG JIBEN QINGKUANG ....●

1.1 河流自然条件

天水是古丝绸之路自长安出发，西入甘肃途径的第一个重镇，而天水市麦积区是甘肃省和天水市的"东大门"，国家级名胜麦积山石窟就位于该区。

麦积区地处暖温带半湿润、半干旱气候区过渡带，年平均降水量 531mm，年日照时数 2032.1h。

渭河天水市麦积区城区段综合治理工程地处甘肃省天水市麦积区，位于渭河上游段。渭河是黄河一级支流，发源于甘肃省渭源县鸟鼠山，自西向东流经甘肃省渭源、陇西、武山、甘谷、天水，于宝鸡市风阁岭流入陕西省，横贯八百里秦川，由潼关的港口泄入黄河，河道全长 818km，流域面积 13.5 万 km²，其中渭河在甘肃省境内河长 360km。

本工程区北道水文站控制面积 2.49 万 km²，年平均径流量 16.47 亿 m³。渭河洪水由暴雨形成，因渭河流域地处黄土高原，植被稀疏，洪水多为尖瘦型，峰高、量大、历时短的特点，锋型以单峰为主，一场洪水过程一般 2~3d，洪量主要集中在 24h 以内，工程区 100 年一遇洪峰流量为 6430 m³/s，10 年一遇洪峰流量为 2680m³/s。渭河是一条典型的多泥沙河流，黄河的主要沙源河流，而工程区所在河段为渭河上游黄土沟壑区，是渭河泥沙主要来源区。仅南河川站以上左岸黄土沟壑区的散渡河、葫芦河年侵蚀模数分别达 8580、6150t/km²，渭河泥沙年内分配高度集中，年际变化大，汛期 6—9 月沙量占 89.6%，主汛期 7—8 月也占 70%，多年平均含沙量 0.54 ~ 214.29kg/m³，工程区北道站多年平均输沙量 1.341 亿 t。

工程区位于藉河汇入渭河的汇入口以下河段，总体呈东西展布，两岸已修建有堤防工程，河道平面形态相对顺直，河势基本稳定，河宽 350 ~ 400m，河床平均比降 1.39‰~ 4.47‰。由于水流作用，河流主槽蜿蜒曲折，平面上呈连续的"S"形，治理河段有冲有淤，整体比较稳定，基本属冲淤平衡状态。

1.2 工程现状及存在问题

工程区两岸堤防工程原设计标准为渭河 50 年一遇洪水，随着城市的发展，麦积区渭河城区段防洪标准提高到 100 年一遇。从总体防洪能力分析，治理河段现状堤防工程不具有抵御 100 年一遇洪水的能力，城市防洪安全亟须解决。

渭河自麦积区穿城而过，是市区重要的水利命脉，是天水人民的母亲河，理应成为天水的形象河。然而，由于渭河属多泥沙河流，汛期洪水峰高量大，含沙量高；非汛期干旱少水，水质污染严重，常年滩面裸露，河道内乱采、乱堆、乱种现象严重，河道直排污水，滩地杂草丛生、人为淤地造田，水环境日益恶化，与城市发展很不适应，制约着麦积区经济的发展。改善该河道市区河段水环境已成当务之急。

治理前状况

2 设计理念与目标

SHEJI LINIAN YU MUBIAO ....●

2.1 设计理念

设计理念包括:①人水和谐的治水理念;②清洪分治理念;③蓄水为主、滨河生态公园相融合;④河流生态区作为城市发展的载体,赋予其生态、亲水、休闲、娱乐等城市服务功能。

2.2 设计目标

工程治理范围上起渭河与支流藉河交汇口附近,终点位于支流颍川河入渭口上游,治理段全长约4.5km。

工程设计遵循人水和谐的治水理念,顺应现代化城市水利要求,充分利用渭河水资源,在确保城市防洪安全的基础上,营造城市河流水生态,以期恢复河道生态功能,体现人和自然的亲和性,整体提升天水市麦积区城市品位,建成集"山、水、园、林"为一体、地域文化特色鲜明的生态型园林城市。

3 工程规划设计

GONGCHENG GUIHUA SHEJI ....●

3.1 工程总体布局

治理河段全长 4.5km，河道生态治理首先建立在左右岸堤防的达标治理基础上。对于左右岸堤防，防洪标准为 100 年一遇，因此，工程首先对左右岸堤防进行达标治理。

对于工程区河道，在左右岸堤防满足 100 年一遇防洪标准前提下，借鉴国内类似工程的治理经验，结合整治河段的河流特性，综合考虑防洪、泥沙冲淤、投资及景观要求等诸多因素，设计采用清洪分治两槽布置方案，即将整治段河道划分为景观区及浑水槽两大功能区。

根据河道的河势及主槽位置、主城区布局情况，在河道内顺河势布置一道中隔墙将河道一分为二，左侧为景观河槽，宽约 220m；右侧为浑水河槽，宽约 130m。低于 5 年一遇洪水标准情况下，景观河槽为蓄水水面和滨河生态公园，洪水或不满足景观水质要求的水自浑水河槽泄流，为平时主要的泄洪通道；超过 5 年一遇洪水标准时，砂质子堤在人工辅助下自溃，浑水槽、蓄水区河道共同行洪，左侧生态公园区正常运行；超过 10 年一遇洪水标准时，浑水槽、景观蓄水区以及生态公园全河道行洪，以充分保证市区城防防洪安全。

左侧宽约 220m 的景观河槽，规划以蓄水景观为主，同时利用左岸堤脚附近的较高滩地，形成滨河生态公园（景观绿地带），宽 40 ～ 220m，面积 20.7 万 m²（311.0 亩），生态公园与蓄水区以子堤相隔，子堤兼起亲水平台作用，全长 3472.38m。子堤主要断面型式为复式断面，局部段为梯形断面，亲水平台宽 6.0m，临水侧边坡 1：2.5，亲水平台以上至生态公园滩面之间以不小于 1：4 的边坡自然衔接，顶高程按 10 年一遇水位确定。

规划景观蓄水区宽 116 ～ 178m。蓄水区拟采用 2 道橡胶坝形成 2 个连续的蓄水梯级，1、2 级蓄水面长度分别为 2.0km、1.35km，蓄水区全长 3.35km。1 级蓄水区蓄水深度为 0.3 ～ 3.5m，2 级为 0.3 ～ 3.0m。规划景观蓄水区总面积 53.9 万 m²（808 亩），一次蓄水量约为 95.0 万 m³。1 号橡胶坝坝高为 3.5m，坝长 178.2m，2 号坝高为 3.0m，坝长 121.2m。工程共布置两座橡胶坝充排水泵站，泵站均布置于坝址左岸堤防外侧。为减少渗漏以及避免蓄水引起河道两侧的浸没影响，对蓄水区河床进行复合土工膜水平防渗处理，复合土工膜埋深为河床深泓以下 0.5m，确保防冲安全，防渗范围为整个蓄水区河床面。

蓄水区右侧布置为中隔墙。中隔墙沿河道距右岸堤防约 130m 顺河势平顺布置，全长 3250m，设计采用 C25 钢筋混凝土和 C20 块石混凝土组合的箱形断面型式，箱涵上部宽 4.5m，内填砂砾石，表层填 0.6m 厚耕作土植草，基底高程按深泓以下不小于 3.0m 控制。中隔墙顶高程按 5 年一遇洪水加 0.5m 超高设计，对应洪水流量 1740m³/s。

中隔墙右侧的浑水槽，平均槽宽 130m，全长 4.5km，设计洪水标准为 5 年一遇。为了保证蓄水区正常引蓄清水，在浑水槽前端设置副坝一座，坝长 100m，坝高 2.0m，在坝前 17.5m 处的中隔墙上设置引水闸一座，闸孔尺寸为 2.0m×2.0m，设计流量为 5.5m³/s，设计闸底板高程 1079.12m，较副坝底板高 0.5m。为了减少蓄水区泥沙淤积，并使泥沙可集中处理，在距一级蓄水区尾端约 50m 处设置一道拦沙堰，堰高 1.0m，长 236.8m；拦沙堰与中隔墙成 45° 夹角，夹角处中隔墙设置排沙闸一座，闸孔尺寸为 2.0m×2.0m，设计闸底高程 1078.39m，设计排沙流量为 3.0m³/s。

中隔墙上游进口折向左侧，与左侧堤防衔接，使左侧蓄水河槽景观区与上游河道相对分隔开，实现清洪分治两槽布置，上游进口段长 848.0m，其中 548m 为左侧堤防堤脚前的高漫滩护滩子堤，采用梯形断面土堤；另有 300m 为左侧高漫滩与中隔墙进口的连接段，设计为临时封堵段，采用自溃沙质子子堤挡水，不设防护措施。当预报上游来水接近 5 年一遇洪水时，根据报汛，通过沙质子堤人工辅助下自溃，使景观蓄观区进出口及时打开行洪，以确保城市防洪安全。此外，浑水槽右侧大堤堤脚处现状形成宽约 10 ~ 20m 的小滩平台，高程平均高出滩地约 2.0m，下面埋设有污水收集干管，设计对其进行绿化，以形成南岸绿地景观带，全长 3.5km，面积 5.4 万 m²（81.0 亩）。

此外，工程区左岸分布有排污口 5 处，其中排洪沟三处，设计对其进行污水截流处理。

总体而言，平面上自左至右依次为滨河生态公园、景观蓄水区、浑水槽及南岸绿化带，工程在确保城市防洪安全及景观蓄水安全的前提下，为麦积城区呈现出优美的城市水景观和滨河生态公园，彻底改善城区生态环境，使城市灵秀起来。工程建成后，可形成景观水面面积 53.9 万 m²（808.0 亩），蓄水量 95.0 万 m³，北岸滨河生态公园面积 20.7 万 m²（311.0 亩），南岸景观绿地 5.4 万 m²（81.0 亩）。

3.2 主要建筑物设计

根据工程总体布置，本工程主要建筑物包括左右岸堤防、中隔墙、橡胶坝、子堤、泵站、防渗工程、污水截流工程及滨河生态园区工程等。

3.2.1 左右岸堤防改建工程

根据《甘肃省天水市城区堤防规划》，天水市麦积区段渭河两岸已建有较为完整连续的堤防，除部分堤段超高不满足 100 年一遇洪水标准要求需加高处理外，其余均能满足规划要求。

依据以上规划成果，本工程对治理区河段两岸堤防堤顶高程、堤身稳定情况及护砌工程现状情况首先进行了复核，复核结果确定对左右岸堤防的加固措施为：①对共计 1640m 堤防进行加高改建；②左岸东排洪沟以下临水侧边坡为 1：1 的堤段，不满足堤身稳定要求，设计对其临水侧边坡进行压坡处理，加固处理后，堤身满足稳定要求。

根据《堤防工程设计规范》（GB 50286—2013）对冲刷深度进行计算，结合工程区左右岸堤防基础的埋深情况和现场冲刷的调查情况，并考虑河道修建橡胶坝后钢筋混凝土坝底板的固床作用，河道冲刷将有所减小等综合因素，从偏于安全计，综合分析确定基础防冲深度取深泓以下 3m。

3.2.2 中隔墙工程

中隔墙为蓄水河槽和浑水河槽的中间隔墙，根据河槽走势，沿河道距右岸堤防约 130m 布置，中隔墙全长 3250m，河床面以上高约 5.0m，墙顶高程按 5 年一遇洪水加 0.5m 超高设计，对应洪水流量 1740m³/s。中隔墙与橡胶坝连接段兼做橡胶坝的边墩。

鉴于中隔墙的运行特点，对中隔墙的设计要求考虑挡水、漫顶、过洪、冲淤、穿桥等诸多因素，设计采用 C25 钢筋混凝土和 C20 块石混凝土组合的箱形断面型式，两侧 C25 钢筋混凝土边墙厚度 0.4 ~ 1.5m，高 5.2 ~ 5.5m，两侧边墙顶部每隔 3m 设 0.3m×0.5m 的拉梁，边墙和拉梁采用现浇 C25 钢筋混凝土。箱涵上部宽 4.5m，内填砂砾石，表层填 0.6m 厚耕作土植草。中隔墙基础采用 C20 块石混凝土，基础宽 7.5m，厚 3.0 ~ 3.8m，基底高程低于深泓不小于 3.0m。中隔墙顺水流方向每 10m 设一道伸缩缝，缝宽 2cm，缝内填充聚乙烯闭孔泡沫板，蓄水槽侧布设 651 型橡胶止水带。

根据现状河床冲刷深计算成果，局部冲刷计算深度为 1.7m。参考已建左右岸的堤防基础埋深，并依据《堤防工程设计规范》（GB 50286—2013），根据项目区治理河段河道的特点，一方面河道修建橡胶坝后钢筋混凝土坝底板具有固床作用，使得蓄水区河道冲刷将有所减小；另一方面工程将低于 5 年一遇的洪水由原来 350m 河道泄洪，约束在 130m 宽的浑水槽内下泄，流速有所加大，中隔墙基础面临低于 5 年一遇小洪水的长期淘刷，局部冲刷将有所加大。因此，从偏于安全考虑，综合分析后确定中隔墙基础埋置深度为墙基深入深泓线以下 3.0m，对中隔墙斜冲弯道段加铺 10m 宽铅丝笼石水平防冲。

3.2.3 橡胶坝工程

本工程共布置橡胶坝 3 座，其中主坝 2 座，副坝 1 座。1 号主坝位于渭河大桥下游 100.0m 处，坝高 3.5m，坝长 178.2m；2 号主坝位于颍川河入渭河口上游 200m 处，根据本阶段总体布置的优化设计，2 号主坝坝高由可研阶段的 3.5m 优化为 3.0m，坝长 121.2m。两座主坝左侧连接子堤亲水平台，右侧为中隔墙。为了满足蓄水区顺利引蓄清水，在蓄水区上游浑水槽起始段布置一座副坝，设计坝高 2.0m，坝长 100.0m。

橡胶坝段沿河道方向主要由上游防冲槽段、钢筋混凝土铺盖段、橡胶坝底板、消力池、海漫及下

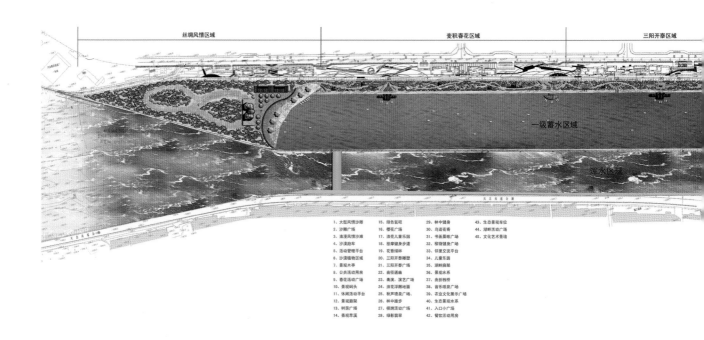

游防冲抛石段等部分组成。以 1 号坝为例，主坝组成部分总长度为 52.0m，其中上游防冲槽段长 2.0m，铺盖段长 10.0m，橡胶坝底板段 12.0m，消力池段 10.0m，海漫段 15m，下游防冲抛石段 3.0m。

考虑橡胶坝底板的渗透稳定要求及防冲刷安全，参照类似工程，并借鉴《水闸设计规范》（SL 265—2001）要求，在橡胶坝主坝段前的 C25 钢筋混凝土铺盖前端设一道厚 0.4m 的 C15 混凝土防冲墙，墙底按深入河道深泓线以下 3.0m 考虑，底板以下防冲墙深度为 5.0m。

坝袋主要技术参数表

项目	1 号橡胶坝	2 号橡胶坝	副坝
坝高 /m	3.5	3.0	2.0
坝长 /m	178.2（含中墩）	121.2（含中墩）	100（含中墩）
胶布规格	二布三胶	二布三胶	二布三胶
坝袋厚度 /mm	10	10	10
内压比 H_0/H_1	1.30	1.30	1.30
坝袋有效周长 /m	12.35	10.59	7.06
底垫片有效长度 /m	6.58	5.63	3.76
坝袋单宽容积 /m³	21.07	15.48	6.88
坝袋设计充水量 /m³	3730	1858	680
坝袋安全系数	10	10	10
坝袋抗拉力 /（kN/m）	490	360	160
坝袋拉力 /（kN/m）	49	36	16

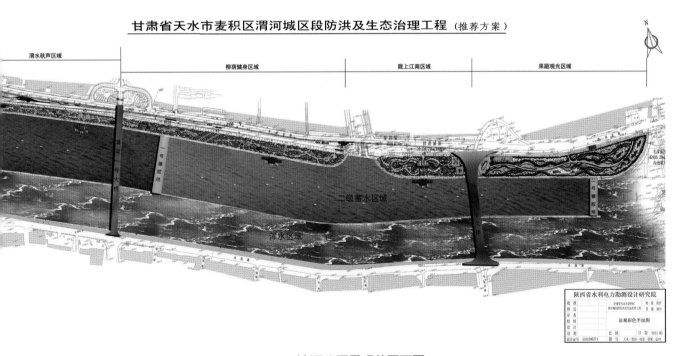

滨河公园景观总平面图

3.2.4 子堤工程

工程区左岸堤脚附近的较高滩地设计为滨河生态公园（景观绿地带），生态公园与蓄水区以子堤相隔，子堤既是生态公园的护岸，同时兼起亲水平台作用，设计结合左岸河床滩地高程情况，在蓄水区左侧布置子堤，线路基本顺河势布置，距左岸堤防距离 40 ~ 70m，全长 3472.38m。子堤主要为护岸作用，兼做亲水平台，为此，设计采用临水侧布设亲水平台的梯形复式断面，子堤堤顶高程与生态公园设计滩面高程一致，按 10 年一遇水位不加超高设计；亲水平台顶高程考虑亲水作用，按蓄水水位加 0.30m 超高设计。

根据现状滨河公园滩地高程情况以及景观蓄水区水位情况，子堤主要断面型式为复式断面，局部段为梯形断面，亲水平台宽 6.0m，临水侧边坡 1：2.5，临水侧采用格宾护垫砌护，临水侧护坡基础埋深为河床疏浚面以下 1.0m，护垫上植草护坡；亲水平台以上至生态公园滩面之间以不小于 1：4 的边坡自然衔接，子堤堤顶高程按 10 年一遇水位齐平确定。亲水平台顶纳入景观设计统一考虑，拟采用 C10 细石混凝土加彩色广场砖或彩色水泥铺砌。亲水平台顶应设置警示标识，在临水侧每隔 200m 设置踏步。此外，为满足市民亲水、划船等需求，在深水区布设码头 6 处。子堤进出口均设计为自溃沙质子堤，以确保 10 年一遇洪水情况下全河道过洪。

3.2.5 抽排水泵站工程

工程沿线共布置 3 座橡胶坝，其中主坝两座，副坝 1 座。副坝位于浑水槽进口处，1 号主坝位于渭河大桥下游 100m 处，2 号主坝位于颍川河入渭河口上游 200m 处。

橡胶坝的充排水泵站布置型式一般有一站一坝或一站多坝的型式，就本工程而言，工程布置了 3 座橡胶坝，各坝之间的距离在 1.3 ~ 1.8km 左右，相距较远，若采用一站多坝方案，不但充排水管线太长，水力损失大，而且泵站规模亦较大，整体不经济。本工程共布置泵站三座，其中 1 号泵站控制 1 号橡胶坝，2 号泵站控制 2 号橡胶坝，3 号泵站控制副坝。

根据泵站设计，1 号泵站位于 1 号橡胶坝轴线左岸堤防内侧堤坡处，与左岸堤防连成一体，厂房宽 10.0m，长 20.0m；2 号泵站站址位于 2 号橡胶坝轴线左岸堤防内侧堤坡处，与左岸堤防连成一体，厂房宽 10.0m，长 15.0m；3 号泵站位于 3 号副坝轴线右岸堤防外侧，厂房宽 7.5m，长 10.5m，从

工程建成后实景（一）

麦积城区的实际情况出发，本工程的管理处拟结合 3 号泵站一并解决，即工程管理处与 3 号泵站合并，场区占地共计 2000m² （3.0 亩）。

各泵站主要布置建筑物为泵站主厂房及管理用房等，其中 3 号泵站结合工程管理处统一布置管理用房。

3.2.6 防渗工程

根据《工程地质勘察报告》，蓄水区河床及橡胶坝基础均为砾石层，且厚度大、强透水性，渗透系数 $k=5.58 \times 10^{-2} \sim 6.53 \times 10^{-2}$cm/s，砂砾石下层为第三系泥岩，埋深一般大于 35m，垂直渗透系数为 $k=1.10 \times 10^{-7}$cm/s，为相对隔水层。根据初步渗流计算结果，蓄水区两侧日渗漏量 94150.10m³/d，橡胶坝坝基渗漏量 81801.93m³/d，日渗漏量共计 175951.93m³/d，计算蓄水区月渗漏量为 527.86 万 m³，渗漏量大，且蓄水区周边子堤亦存在渗透变形破坏问题。

根据计算结果，蓄水区如不采取防渗措施，将引起周围地下水位的上升。地下水位上升的主要区域为步行桥至 2 号坝线段河堤两岸区，升幅较大为距蓄水区 0 ～ 500m 范围，水位将上升 1.17 ～ 5.80m。距堤防边超过 1000m 以后，地下水位将不受蓄水位影响。按预测地下水位高程分析，南岸步行桥以下沿河 300m 内的建筑物基础将受地下水位上升的影响较大。

工程建成后实景（二）

工程建成后实景（三）

本工程蓄水区地基上层主要为砾石层，相对不透水层为第三系泥岩，一般埋深大于 35m。参照类似工程经验，本次防渗方案对水平防渗、垂直封闭式防渗墙、垂直悬挂式防渗墙等三种方案进行了比选，初步推荐复合土工膜水平防渗方案。

3.2.7 污水截流工程

工程区左岸沿线分布有 5 处排污口，其中含东、中、西三条排洪沟。因此，为了避免污水进入蓄水区，污染水体，本工程的污水截流主要针对该 5 处排污口，重点为北岸分布的东、中、西三条排洪沟的截污治理。

设计在滨河生态园区，沿堤防内侧布置截污干管，统一收集污水，输送至蓄水区下游。

3.2.8 滨河生态园区

景观工程设计主题定位为"天水润丝路·青纱漫古城"，根据不同的功能要求，园区划分丝绸风情区、麦积春花区、三阳开泰区、渭水秋声区、陇上江南区、柳荫健身区及果疏观光区等 7 个主题区，各区

工程建成后实景（四）

均有管理用房、停车场、卫生间、小卖部等功能用房。园路主干道宽 4.0m，次干道宽 2.0m。根据不同的主题其建筑形态与风格也各异。

滨河生态公园面积共计 26.14 m^2，其中北岸 20.74 万 m^2（311.0 亩），南岸景观绿地 5.40 万 m^2（81 亩）。为增加亲水性，沿线共布置亲水平台码头 6 处。

4 创新与总结
CHUANGXIN YU ZONGJIE

工程首次在渭河干流上游产沙河段，采用清洪分治措施，很好地解决了多泥沙河道泄洪排沙与蓄水的矛盾问题。在清洪分治基础上，为进一步减少蓄水区的泥沙淤积，并使泥沙可集中处理，首次在蓄水区进口设置斜向拦沙堰，形成进口沉沙区，对引入蓄水区的水体进一步预沉沙处理，然后水体自拦沙堰堰顶溢流进入下游蓄水区，逐级蓄满，极大地减少了蓄水景观区的泥沙。

主槽、滩区、大堤分级采用 5 年、10 年、100 年不同的设防标准，分级防洪安全与蓄水景观和滨河生态公园分区完美协调。通过在左侧滨河生态公园内沿河设置截污箱涵，将北岸分布的东、中、西三条排洪沟的洪水和污水汇集排入下游，避免了蓄水区水质污染。成功地应用充水橡胶坝坝型，实现河道蓄水、泄洪排沙的完美结合。

我院于 2010 年年初承担该项目勘测设计任务，2012 年建成蓄水，生态修复效果和景观效果显著。该工程的蓄水运行标志着在渭河干流上游城市河道水生态治理工程的成功。渭河生态治理建成蓄水后，优美的城市河流水生态极大地改善了麦积区的生态环境，并大大丰富了城市服务功能。2015 年夏季在蓄水景观区首次成功举办了大型龙舟赛等公益文化活动。

甘肃省天水市藉河
城区段生态环境
治理工程

第1部分 一期治理工程（2003年）

1 项目基本情况
XIANGMU JIBEN QINGKUANG ....●

1.1 河流自然条件

藉河自西向东穿过天水市秦州区，市区河段长7.0km，天水市处于藉河的下游。藉河是天水的生命河、形象河，她不仅为城市工农业发展和生活提供了较为充沛的水资源，而且孕育了深厚的秦文化，传说中的人文始祖伏羲就出生在这里，故有"羲皇故里"之称。

天水，"天注之水"。作为中国历史文化名城的天水市，位于甘肃省东南部，地处陕西、甘肃、四川3省交界，位居西安至兰州两大城市之间，是甘肃省东南部以旅游、商贸及加工工业为主的中心城市，市区包括秦州区和麦积区。天水是古丝绸之路自长安出发，西入甘肃途径的第一个重镇。

天水地跨长江、黄河两流域，地貌区域分异明显，区内山脉纵横，地势西北高，东南低，海拔在1000～2100m之间，渭河及其支流横贯其中，形成宽谷与峡谷相间的盆地与河谷阶地。

藉河属渭河一级支流，发源于甘谷县龙台山，自西向东穿过天水市秦州区，至麦积区汇入渭河，总流域面积1267.73km²，主流全长78km。藉河上游为土石山区，中游属中低山，下游为河谷阶地和一、二级阶地构成河谷平原地形。藉河为降雨补给型河流，径流年际变化大，年内分配不均匀，多年平均天然径流量0.851亿m³，天水市50年一遇设计洪峰流量3040m³/s。藉河流域属陇中黄土高原区，属多泥沙河流，多年平均悬移质含沙量为40.5kg/m³，最大含沙量达1050kg/m³，天水水文站年输沙总量386.2万t。藉河属季节性河流，具有多泥沙、洪枯流量悬殊、洪水陡涨陡落等特点。

市区多年平均降水量566.7mm，冬无严寒，夏无酷暑，气候温和，日照充足，降水适中，属温带半湿润气候，具有四季分明、昼夜温差较大的特点。

天水市城区东西狭长，南北宽仅1～2km，市区藉河河道总体呈近东西向展布，为宽浅"U"形河谷，河流主槽蜿蜒曲折，平面上呈连续"S"形，河道宽164～220m，治理河段纵坡5.83‰，为冲刷型河段。

1.2 工程现状及存在问题

藉河城区治理段位于秦川区城区段，河段长约7km，河道规整，宽窄较为均匀，现状河道宽164～220m，河道平均比降5.83‰。天水市中心区地势较低，主要靠堤防保护，自20世纪50年代以来，

治理前河道状况

藉河两岸已建成标准不一的堤防 13.3km，为防止中小洪水泛滥发挥了一定作用。但就现状而言，现状堤防不满足防御 50 年一遇洪水的能力，城市防洪安全亟待解决。

藉河自天水中心城区穿城而过，汛期洪水峰高量大，含沙量高，城市防洪主要依靠堤防，防汛任务重；非汛期河道流量小，市区城市工业、生活污水直排河道，水质污染严重。藉河自城区穿过，但现状河道可供观赏的水面极少，河道滩地杂草丛生、人为淤地造田、乱垦乱植，水生态环境恶劣，与"天注之水"的城市历史相距甚远，与广大市民要求改善环境、提高生活质量的愿望相悖，与城市环境的改善和发展要求很不适应，严重制约着天水市经济社会的发展，改善城区河段水生态环境成为必然。因此，2003 年天水市开展藉河城区段生态环境治理工程，我院承担了该项目勘测设计任务。

2 设计理念与目标
SHEJI LINIAN YU MUBIAO ....

2.1 设计理念

（1）以"水"为中心，突出蓄水。天水是缺水地区，干旱情况下的河流大多干涸无水，城区没有可供市民休闲的水体和绿地。因此，藉河城区段生态环境治理工程在保障城市防洪安全的前提下，重要的治理目标是通过修建橡胶坝，在河道内形成生态蓄水区和生态绿地，为城市提供水面和绿色。有

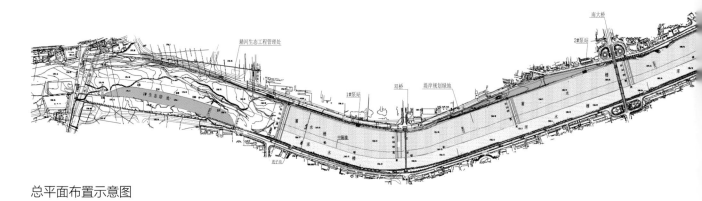

总平面布置示意图

了"水"，城市就有了灵气；有"绿色"，城市就更秀美。该工程设计在主城区形成长 3000m、宽 111 ~ 128m 的景观水面，生态蓄水区水面面积 37 万 m^2，蓄水量约 70 万 m^3。

（2）以"人"为中心，突出亲水。工程设计渗透人文理念，在传统的堤防断面上沿蓄水区边缘布设 5 ~ 7m 宽的亲水平台，平台高出景观水面 0.2m，供游人漫步和观赏娱乐。堤坡采用生态护坡形式，间隔设置形式多样的花坛、平台等；每个蓄水梯级区内布设两处伸入水面的亲水看台，便于游人亲水和游船停靠，突出亲水。

（3）以"历史"为中心，突显人文特色。本工程地处城市中心地带，环境赋予了工程相应的文化内涵和美学理念。为体现天水市的人文历史，设计在蓄水区左岸繁华地带东团庄大桥上游布设 150m 长的文化长廊景区，充分展现天水市的人文历史景观。工程区沿河两岸设计为绿化带，布设如樱花园等多个主题公园，沿左岸分设的 3 座橡胶坝控制泵站，点缀其间，建筑各具特色，风格与天水市人文环境相协调。

（4）以"空间"为中心，突显自然和谐。天水城区，城市公共绿地面积匮乏。本工程在总体布局上，根据天水城区的实际情况，除岸坡绿地外，还分别在西大桥—北山排洪区右岸河滩内及罗峪河口—七里墩大桥左岸河滩内设计两片河滩绿地。此外，进一步对藉河景区段内的 8 座桥梁进行装饰，并在景区内实施亮点工程。

整个工程实施，使天水市主城区内绿地与水景交融，形成水抱城、城依水的优美环境，凸显自然和谐。

2.2 设计目标

对藉河 7.0km 城区河段进行生态环境综合治理。通过该治理工程，提高市区河段的防洪能力。并以此为基础，在保障防洪安全的前提下，疏浚整治河道，利用部分河道蓄水，形成生态水面，增加城市绿地面积，改善人居环境，促进区域经济社会发展，为市民营造一个修身养性的最佳人居环境，构建"两山翠绿，碧水中流"的新大水。

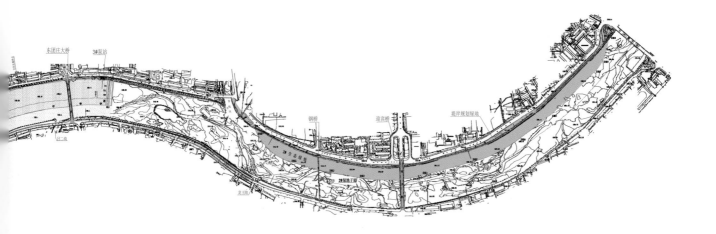

3 工程规划设计

GONGCHENG GUIHUA SHEJI ....●

3.1 水生态总体布局

藉河治理范围上起天水市区西大桥，下至七里墩大桥，河段全长 7km。结合沿河两岸城市布局，设计将治理河段划分为蓄水区、河滩生态绿地两部分。

设计以藉河左岸北山排洪渠和罗峪沟为节点，设计形成三部分水生态区，自上而下分别为：

（1）西大桥—北山排洪渠 907.8m 河段：从河势分析，该河段右岸为落淤区，设计在该段右岸河滩布设长 561.0m，最大宽度 60m 的生态绿地。

（2）北山排洪渠—罗峪沟 3000.0m 河段：该河段基本顺直，并处于天水市核心区，设计该段以蓄水为主，形成 3km 连续的生态蓄水区。

（3）罗峪沟—七里墩大桥 2294.8m 河段：该河段平面上为大弯道，左岸为弯道凸岸，设计在该段左岸河滩布设长 1900.0m，最大宽度 60.0m 的滨河生态公园。

3.2 防洪工程设计

河道生态治理工程必须建立在城市防洪安全的基础上，构建完善的防洪体系是前提。藉河生态治理工程地处天水市中心市区，藉河城区段堤距不小于 165.0m，2003 年城市规划确定市区防洪标准为 50 年一遇，设计洪峰流量 3040m³/s。

现状左、右岸堤防堤距满足要求，且堤线顺直、布置基本合理，右岸堤防维持现状堤线不变，只进行加固设计。为满足环城路建设以及在防洪安全前提下为市区提供绿地空间，左岸西大桥—罗峪沟段堤防在保证最小堤距 165m 的原则下将现状堤线向河道内压缩约 8m 进行改建设计，罗峪沟以下一

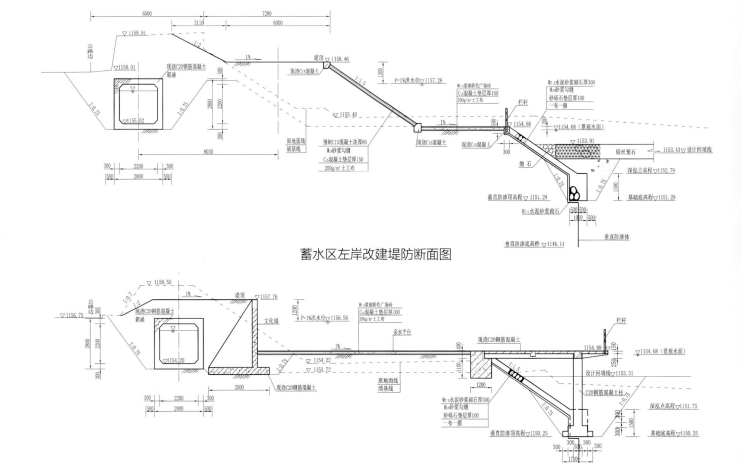

蓄水区左岸改建堤防断面图

蓄水区左岸改建堤防断面图（文化长廊段）

七里墩大桥段堤防维持现状堤线不变，进行加固设计。

蓄水区堤防工程采用生态设计理念，融入历史文化元素，并赋予城市服务功能。堤防总体断面采用设置亲水平台的梯形复式断面型式，亲水平台宽 6m，高于蓄水面 0.2m；在此亲水断面型式基础上，为满足蓄水区举办一些龙舟赛、大型音乐喷泉晚会等活动，在 3、4 级蓄水区左岸堤防采用台阶式看台型式；为体现天水市的人文历史，设计于第 5 级蓄水区左岸布设 150m 长、20m 宽的文化长廊，长廊结构采用钢筋混凝土扶壁式挡土墙，墙面可采用不同艺术形式展示历史文化长卷。

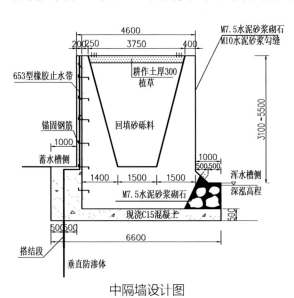

中隔墙设计图

护坡设计形式为亲水平台以下护坡及护脚采用 M7.5 浆砌石，平台以上采用预制混凝土块、间隔布置蘑菇石砌护型式，或台阶式花坛生态防护型式。堤防基础埋深按河势分段设计，弯道凹岸段进一步加强防冲设施。

两岸堤顶范围，设计为滨河生态公园，赋予堤防工程城市休闲服务功能。

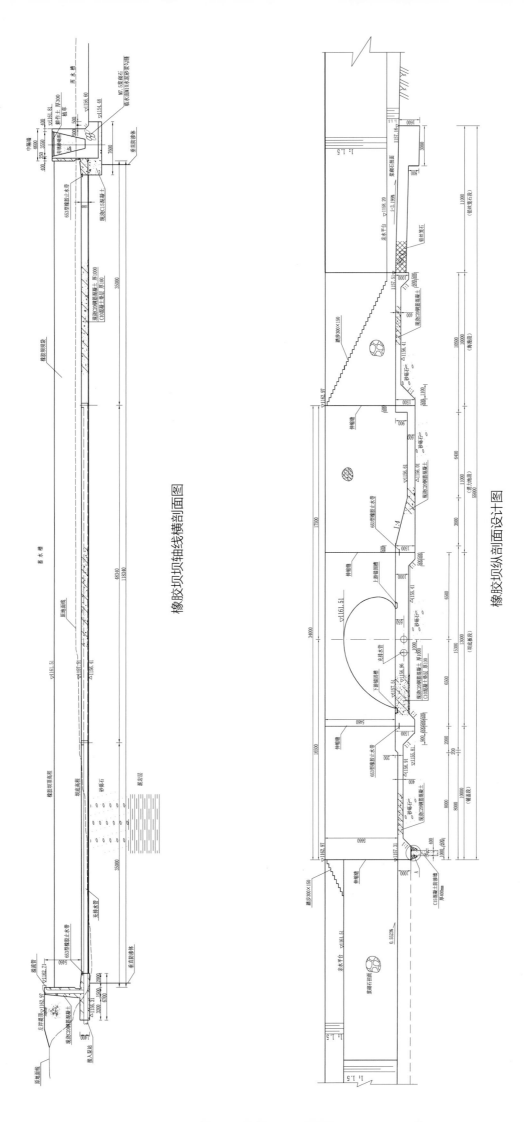

橡胶坝坝轴线横剖面图

橡胶坝纵剖面设计图

3.3 蓄水区设计

设计采用清洪分治（二槽）治理模式，根据蓄水区进口主槽深泓位置，布设中隔墙将蓄水区河道一分为二：城市核心区在左岸，左侧设计为蓄水河槽，宽 111～128m；右侧为浑水河槽，宽约 60m，设计泄洪流量 470 m^3/s。低于 5 年一遇洪水标准 470 m^3/s 情况下，蓄水河槽按蓄清水功能运行，平时为蓄水水面，洪水或不满足水质要求的水自浑水河槽泄流，为平时主要的泄洪通道；高于 5 年一遇洪水标准情况下，蓄水河槽橡胶坝塌坝，蓄水河槽与浑水河槽共同泄洪，确保 50 年一遇洪水安全下泄。

中隔墙为蓄水河槽和浑水河槽的隔墙，全长 3.1km，采用箱形结构型式，内填砂砾料，墙顶表层回填熟土种植绿色植物。

蓄水区河道平均比降 5.83‰，设计布设 6 座橡胶坝，形成 5 级连续的梯级蓄水区，橡胶坝坝高 4.0m，各级蓄水深度 0.5～3.8m，单级蓄水面长度 600m，蓄水区全长 3000m，水面宽 111～128m，蓄水面积 37hm^2，蓄水量 70 万 m^3。

3.4 建筑景观设计

重点是对第 5 级蓄水区左岸 150m 长、20m 宽的文化长廊景观设计，长廊临河侧亲水平台在 6m 宽的基础上伸入水面 7m，形成长 150m、宽 13m 的大型亲水平台；长廊背面及顶面为左岸生态绿化带，长廊掩映在鲜花草丛间；长廊临河立面为文化展示区，一幅伏羲文化历史长卷形象地展示在优美的生态蓄水景区。这处颇具规模的水边长廊不仅再现了天水市地域文化，同时也成为水景观区的码头。

蓄水区沿岸堤坡在确保堤防安全的基础上，采用了不同景观护坡形式，生态性护坡绿色盎然，开台式堤防融入了休闲功能，直立式矮墙上嵌入十二生肖等节点景观，与碧波荡漾的蓄水区交相辉映。

此外，橡胶坝的控制泵站均布置在左堤岸绿地中，优美的泵站造型即是一处建筑景观。

两槽方案鸟瞰效果图

1 号橡胶坝效果图

治理后河道鸟瞰效果图

堤防效果图

4 水生态效果
SHUISHENGTAI XIAOGUO ....●

　　我院 2003 年 7 月承担该项目勘测设计任务，2005 年年底开工建设，2006 年 12 月 23 日竣工蓄水，至今安全运行近 10 年，水生态效果显著。治理工程蓄水运行后，藉河两岸生机盎然，通过水系、绿地的交融，天水古老文明与现代文明有机结合，创造出独具特色的城市河流蓄水景观，水鸟留恋、野鸭嬉水的原生态景象在藉河城市河段再现，有效改善了藉河城市段水生态环境。

工程建成后实景（一）

工程建成后实景（二）

工程建成后实景（三）

5 创新与总结
CHUANGXIN YU ZONGJIE ....

（1）项目创新。工程创新采用清洪分治理念解决了洪水泥沙与蓄水的矛盾，泄洪槽 5 年一遇洪水安全泄洪，使水生态蓄水区免受 5 年一遇洪水破坏，采用充水枕式橡胶坝，让蓄水与防洪、排沙完美结合。在堤防工程生态性设计理念中，融入历史文化元素，赋予城市服务功能，使城市防洪工程具安全、生态、文化、景观于一体。

（2）关键技术。

1）工程对蓄水区河道采用清洪分治两槽治理技术，很好地解决了低标准（5 年一遇）洪水泥沙与蓄水的矛盾问题；有效延长了蓄水景观区运行周期。目前，已安全运行 10 年。

2）工程采用柔性充水枕式彩色橡胶坝技术。橡胶坝的材质采用柔性胶布，坝袋抗震性能好，结构简单，单跨长度可达到 150m，使用寿命一般为 20 年。橡胶坝具有塌坝后坝袋紧贴河床底板、不碍洪、外形轻巧美观、投资适中，坝袋色彩鲜艳，与城市风貌相协调的特点，而被广泛应用于城市水利、灌溉、枢纽等水工程中。

3）蓄水库区采用有效防渗技术。由于蓄水区河段位于城市中心，河床为 6～8m 厚砂砾石，下伏泥岩，砂砾石河床具中强透水性，设计采用垂直铺塑防渗处理技术，PE 膜厚 0.5mm，有效解决了蓄水区河床强渗漏问题。

（3）设计获奖。本工程荣获甘肃省 2008 年飞天奖，2010 年 11 月荣获陕西省第十五次优秀工程设计二等奖。

第2部分 一期续建工程（2014年）

6 工程基本情况
GONGCHENG JIBEN QINGKUANG ....●

　　天水市，位于甘肃省东南部，地处东经 104°35′~106°44′、北纬 34°05′~35°10′ 之间，位于陕、甘、川三省交界，东与陕西省宝鸡市接壤，南连陇南入四川，北与平凉毗邻，西北接定西通省城兰州，是古丝绸之路自长安出发，西入甘肃途径的第一个重镇，也是自古以来陇东南的交通要冲。

　　本次藉河生态治理工程一期续建工程上段工程位于天水市秦州区城区段，工程设计范围为已建成的藉河城区段治理工程末端 6 号橡胶坝至天巉公路桥下游藉河支流水家沟入汇口，治理河段长度 4.0km。河道平面走向总体上呈"S"形，为微弯河段，只在五里铺大桥附近河道相对较顺直，现状河宽 155~210m，河道平均比降 6.0‰。河段内已建有迎宾桥、五里铺大桥、天巉公路桥，在罗峪河口上游规划有天庆大桥，治理河段内已有规划桥梁 5 座。

　　藉河自西向东穿过天水市，是天水市重要的水利命脉，是天水市人民的母亲河，理应成为天水市的形象河。藉河城区段上游于 2006 年建成藉河生态治理工程，形成了优美的城市生态水景观，两岸城区生态环境得到了极大改善，美丽的"天水湖"与其下游未治理河段形成鲜明的对比。城区未治理河段多处于干涸状态，没有可供观赏的水面，常年大部分滩面裸露，河道内杂草丛生，生态环境和水环境差。本次治理河段中，已成堤防防洪标准不一，未形成完整的防洪体系，加之局部河道杂乱，防洪体系有待进一步完善，防洪标准有待进一步提高。

治理前河道状况

治理前河道状况

7 设计理念与目标
SHEJI LINIAN YU MUBIAO ....●

　　根据治理河段的河势、河道特性、两岸城区分布及城市发展规划，在充分考虑藉河水沙特性的基础上，科学地提出了以"亲水、生态、文化、宜居、魅力"为核心的治理理念，设计将蓄水景观与滨河生态公园相融合，强化亲水性、生态绿色、城市休闲娱乐等综合功能为一体，与一期"天水湖"相得益彰并形成各具特色的工程实效。

　　天水市区河流水系得天独厚，自然景观资源丰富，文化积淀深厚。根据藉河治理河段的河流特性，结合现有城区分布状况、城市规划新区布局、水资源现状以及周边公园、道路、桥梁等设施情况，充分考虑罗峪沟等泥石流支沟汇入的影响，水文条件的复杂性，以及河道连续大"S"形弯道形态导致汛期水流条件的复杂性，同时兼顾紧邻一期蓄水工程的有利条件，结合工程区两岸城市规划区的分布情况，在满足防洪安全的前提下，以主城区及迎宾桥、五里铺大桥附近景观效果最佳，充分考虑最优性价比，营造优美的生态水景观。以期恢复河道生态功能，充分体现人和自然的亲和性，采用现代治河理念，在该区域营造出水（水面景观）、园林（滨河生态公园）、桥（迎宾桥、五里铺大桥等）、路为一体的特色景区，强化亲水性、生态绿色以及城市休闲娱乐等功能性，使景观效果和景观功能优于一期"天水湖"，形成互补并各具特色的景观效果。

　　工程建设目标包括：

　　遵循人水和谐的治水理念；建设满足城市防洪安全要求的河道生态工程；适应现代化城市水利要求，建设集防洪、水利、旅游休闲等多功能为一体的城市河流生态景观；因地制宜，富有地域文化特色。

8 工程规划设计

GONGCHENG GUIHUA SHEJI ....•

8.1 工程总体布局

本次治理河段长度约 4.0km，左岸有罗峪河、右岸上有龙王沟、下有水家沟等支沟汇入。该河段内有迎宾桥、五里铺大桥、天巉公路桥及规划天庆大桥等五座桥梁。本工程集防洪、蓄水及景观美化于一体，设计对左右岸堤防进行达标治理。在此基础上，对治理河段进行蓄水景观建设。

对于河道内的蓄水景观治理，根据本工程河道特性，结合一期工程总体布置，将治理河段以罗峪河为界，分为上下两部分。已成藉河一期蓄水景观区末端—罗峪河口段推荐采用清洪分治蓄水景观方案（中隔墙 + 橡胶坝方案），按照一期工程向下游进行延续布置，在规划的天庆大桥下游 38.0m 处布设一座橡胶坝，坝高 4.0m，左侧为蓄水区，蓄水面与已建的 6 号橡胶坝衔接，右侧为泄洪槽，宽 60.0m，中间以中隔墙分隔。罗峪河口—水家沟入汇口段：罗峪河汇入口设计为河口生态湿地，汇入口以下段推荐采用南侧主河槽择机蓄水 + 扩建现状滨河生态公园方案，蓄水区与滨河公园之间以子堤分隔，子堤与左岸堤防之间为滨河公园，公园总面积为 21.7 万 m²（325.0 亩），在公园内拟建人工水面 8.3 万 m²（125.0 亩），蓄水水量 15 万 m³。子堤与右岸堤防之间设计为蓄水区，设计在迎宾桥下游 180m 处布置钢坝闸 1 座，五里铺大桥上游 480m 布置 2 号橡胶坝，五里铺大桥下游 180m 处布设 3 号橡胶坝。主汛期蓄水河道全部塌坝泄空，全河道承担泄洪输沙功能，以充分保证市区城防防洪安全；非汛期，蓄水区挡水建筑物立坝蓄水，形成蓄水景观湖，罗峪河 - 水家沟入汇口河段共布置 3 座挡水建筑物，坝高 3.8 ～ 4.5m。

本次设计在 4.0km 的治理河段共布设 1 座钢坝闸，坝高 4.0m，三座橡胶坝，坝高 3.8 ～ 4.5m。共形成 4 级基本连续的蓄水景观区，单级蓄水区长 545 ～ 760m，蓄水水深 0 ～ 4.5m，蓄水区总长 2.57km，蓄水区水面宽 90 ～ 139m，蓄水区面积为 27.81 万 m²，一次蓄水量为 59.85 万 m³。扩建已成滨河公园 21.7 万 m²（325.0 亩），其中现状公园面积 13.3 万 m²（200.0 亩），新增滨河公园面积 |8.3 万 m²（125.0 亩），在滨河公园内形成绿地 13.3 万 m²（200.0 亩），拟建人工水面 8.3 万 m²（125.0 亩），蓄水水量 15 万 m³。共布设两座橡胶坝充排水泵站，泵站均布置在各坝址左岸堤顶的外侧。

为确保蓄水区水体质量，设计将原一期 6 号橡胶坝后截污箱涵顺沿至蓄水区下游罗峪河口再接入已成城市污水管道。断面及流量设计同一期，采用现浇 C25 钢筋混凝土箱涵，断面净尺寸 2.4m×2.4m，设计流量 Q=17m³/s，排污箱涵全长 510m。

此外，为满足下游滨河生态公园内景观湖蓄水水源需要，设计从 1 号橡胶坝前深水区埋设引水管至滨河公园滩地内，以便后期将水引至拟建公园景观湖内。引水管初拟引水流量 0.6m³/s，采用 DN600 钢筋混凝土管，预埋长度 320m。

为确保工程区蓄水水质，对工程区两岸现状雨污水管道进行封堵或统一拦截处理。本阶段对左岸 5 处雨污水管道、右岸 8 处污水排放口进行封堵处理，对右岸 4 处高程低于设计蓄水位的雨水排放口，设计进行统一拦截后，排至坝后河道。

同时，为满足市民亲水、休闲娱乐等需要，在各级蓄水区布置不同规模、造型各异的观景平台，并使本次 4.0km 治理河段亲水平台与上游已成一期工程亲水平台以踏步相连，构成一期与本次续建工程有机结合，形成景观功能更为丰富的亲水景观带。

8.2 主要建筑物设计

本工程的建筑物主要有左右岸堤防改建、河道疏浚、蓄水区防渗、钢坝闸、橡胶坝、中隔墙、滨河公园子堤、续建截污箱涵、泵房等。

8.2.1 左右岸堤防

本治理工程涉及工程范围内左岸堤防改建，右岸堤防改建及加固。

（1）左岸堤防。左岸堤防设计范围为自己建成的藉河城区段治理工程末端 6 号橡胶坝后 17.5m 至阎家河桥上游 65m，总长约 4.11km。本次设计将规划天庆大桥—罗峪河段堤防将现状堤线向河道内压缩进行改建设计，确保橡胶坝轴线与左岸堤防垂直，过流平顺。其他段堤防维持现状堤线不变，进行改建设计。

（2）右岸堤防。现状右岸堤防中，6 号橡胶坝后 127.77m 段堤防为 2005 年改建，为已达标堤防，本次对该段堤防维持现状不变。右岸堤防加固自 6 号橡胶坝后 127.77m 天北高速公路护坡，桩号右 0+000~ 右 3+244.83，设计范围全长 3244.83m。

8.2.2 挡水坝

本工程挡水建筑物的主要作用是蓄起一片满足观赏要求的景观水面，汛期安全泄洪，同时本身也是一处景观，因此，结合本工程具体情况，经综合分析比较，1 号、3 号、4 号挡水建筑物位置河道较顺直，设计采用彩色橡胶坝，充水枕式，双锚线布置，螺栓锚固；2 号挡水建筑物位于河道弯道处，若采用橡胶坝，运行时受水流影响较大，故采用钢坝闸。

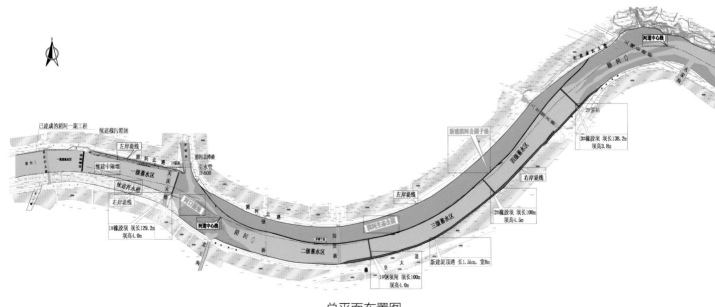

总平面布置图

治理后鸟瞰效果图

（1）橡胶坝布置。本工程共布置 3 座橡胶坝，坝高为 3.8 ～ 4.5m，坝长 100 ～ 138.2m。橡胶坝采用彩色坝袋,为充水枕式,螺栓锚固。橡胶坝段沿河道方向主要由以下几部分组成:钢筋混凝土铺盖、橡胶坝底板、消力池、海漫及下游铅丝笼石防冲段，长 65 ～ 67m。

（2）钢坝闸布置。本工程共布置 1 座钢坝闸,坝高 4.0m,坝长 100.0m,结合钢坝闸闸门相关要求,分 2 跨布置,单跨净宽 46.0m,中墩宽 8.0m。

钢坝闸沿河道方向主要由以下几部分组成:上游抛石回填防冲槽、上游钢筋混凝土铺盖、钢坝闸底板、消力池段、下游钢筋混凝土、格宾笼石海漫防冲段及下游防冲槽等,各组成部分总长度为 57.0m。

8.2.3 中隔墙

中隔墙为蓄水河槽和浑水河槽的隔墙。设计接原一期中隔墙末端，与右岸堤防平行布置，距右岸约 60m 处，全长 525.33m，与橡胶坝连接段兼做橡胶坝的边墩。

中隔墙墙顶高程由浑水河槽 5 年一遇洪水位和蓄水区水位比较，取高值加安全超高确定。确定原则：库前段由浑水河槽 5 年一遇洪水位控制，洪水位以上考虑 0.5m 超高；库尾处中隔墙顶高程由该蓄水区水面高程控制，考虑 0.3m 超高；坝前中隔墙顶高程为坝顶高程加 0.3m 超高。与原一期中隔墙墙顶以 1：5 比降踏步相连。中隔墙河床面以上高度为 1.9 ～ 5.9m（浑水槽侧）。鉴于中隔墙的运行特点，对中隔墙的设计要求考虑挡水、漫顶、过洪、冲淤、穿桥等诸多因素，设计采用 C25 钢筋混凝土和 M7.5 浆砌石组合的箱形断面型式。

8.2.4 河滩绿地子堤

由于五里铺大桥以上河道左侧已建成宽约 25 ～ 80m，面积约 200 亩的滨河生态公园，设计在原现状滨河生态公园规模基础上扩建至 70 ～ 110m；五里铺大桥以下河段：左侧利用堤脚附近高滩地新建滨河生态公园，公园宽 50 ～ 75m，并与上游滨河公园顺接。生态公园与蓄水区之间以子堤相隔，子堤既是生态公园的护岸，子堤兼起亲水平台作用。线路基本顺河势布置，距左岸堤防距离 20 ～ 110m，全长 2703.53m。

8.2.5 引水管线

工程区段河道左岸罗峪河口至天嶺公路段扩建原有滨河公园，并在公园内修建规模适度的人工湖面，湖与湖之间串珠式相连，其间辅以自然弯曲的景观渠连通，形成流动的水景观。根据本工程橡胶坝的运行工况，在立坝蓄水时段，滨河公园人工湖补水水源以河道径流为主，通过蓄水区向人工湖补水；在橡胶坝塌坝，河道不蓄水时，人工湖以地下水补水为主。

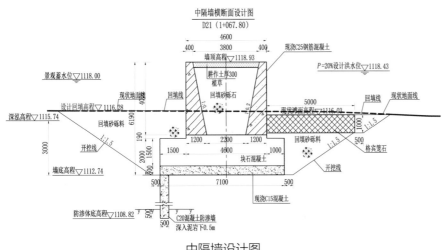

中隔墙设计图

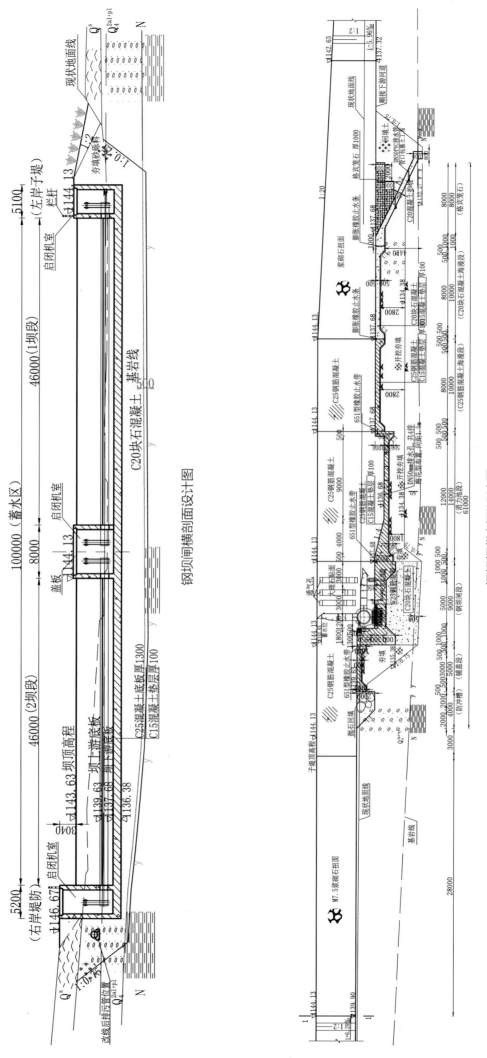

钢坝闸横剖面设计图

钢坝闸纵剖面设计图

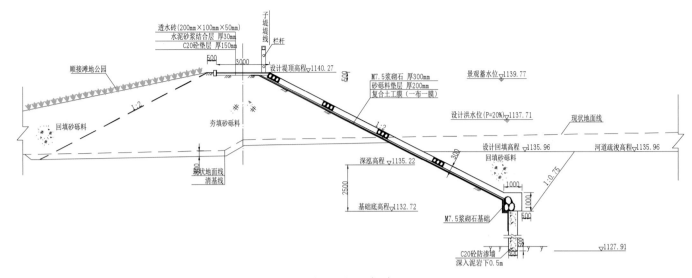

子堤设计图（1）

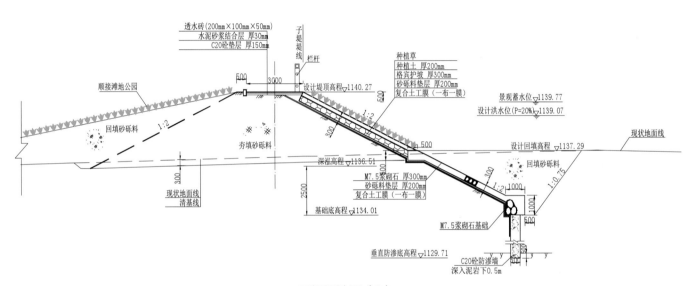

子堤设计图（2）

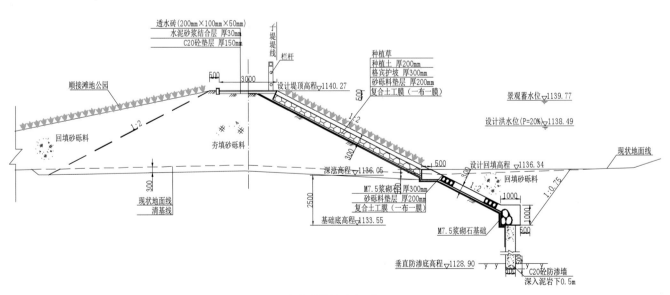

子堤设计图（3）

设计人工湖进水采用自流引水，根据滨河公园人工湖拟建规模，考虑蒸发、渗漏及生态用水，本次引水管线设计流量为 0.60m³/s，通过 DN600mm 钢筋混凝土管道输送至人工湖。本阶段设计引水管长 320m，坡比为 1.5%，进水口采用蝶阀控制进水流量，控制阀井布置在左岸堤顶。

8.2.6 截污工程

蓄水区内的左右岸穿堤涵管仅为排涝涵管，污水已集中处理，本次设计不再考虑增设截污工程，仅对原 6 号橡胶坝后已成截污箱涵进行续建。设计将截污箱涵顺沿至蓄水区下游罗峪河口再接入已成城市污水管道。断面及流量设计同一期，采用现浇 C25 钢筋混凝土箱涵，断面净尺寸 2.4m×2.4m，设计流量 Q=17m³/s，排污箱涵全长 510m。

8.2.7 蓄水区穿堤管道截流设计

工程区两岸蓄水区范围内共有雨污水穿堤管道 34 处，本次设计将管径小于 0.5m 的管道管口进行封闭；管底高程低于蓄水位的管道，设计在改建堤防内埋设钢筋混凝土管，统一拦截后将雨水排至下游河道。

8.2.8 蓄水区防渗工程

本工程防渗处理主要为蓄水区的防渗，包括蓄水区左、右岸堤防、中隔墙及滨河公园子堤堤基防渗及橡胶坝、钢坝闸的坝基防渗工程设计。

根据堤基地质成果，结合地质条件可采用的基础防渗处理措施有：帷幕灌浆、混凝土防渗墙、高压摆喷注浆防渗墙、垂直铺塑等方案。从防渗效果、节约投资、施工等方面综合分析比较，设计采用 C20 混凝土垂直防渗体，宽 0.5m，防渗体深入下层泥岩 0.5m。

8.2.9 泵房

1 号泵站控制 1 号橡胶坝水，站址选择在渭河左岸防洪堤外的一级阶地上，场区宽 25m，长 40m，占地 1.5 亩。2 号泵站控制 2 号橡胶坝和 3 号橡胶坝排水，站址选择在蓄水区河道左岸堤防外侧，五里铺大桥下游。场区宽 13m，长 24m，占地 1333.3m²（2.0 亩）。

主要布置建筑物为泵站厂房及橡胶坝充水水源机井。站厂房分两层布置，底层为钢筋混凝土结构，上层为砖混结构。泵房内布置有控制室、高 / 低压开关柜配电装置、变压器、值班室等。

9 创新与总结
CHUANGXIN YU ZONGJIE ....

由于五里铺大桥以上河道左侧已建成滨河生态公园，宽 25 ~ 80m，本工程设计将该段生态公园进行扩建，并利用五里铺大桥以下河段左侧高滩地新建滨河生态公园，形成北侧滨河生态公园景观带，南侧主河槽随机蓄水的景观治理思路。设计兼顾了南岸景观，同时为丰富滨河公园的景观，设计利用现状河道地形。高处为生态区，低处开挖形成人工湖面，湖与湖之间串珠式相连，其间辅以自然弯曲的景观渠进行连通。景观湖面与滨河生态景观交相辉映，呈现给市区人民水景与绿色。

在此次工程中首次采用钢坝闸新坝型，坝高 4.0m，首次在多泥石流支沟汇入河段进行水生态治理。

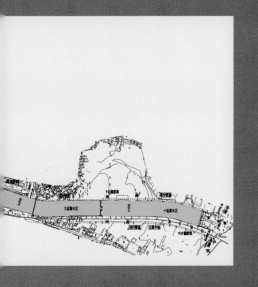

甘肃省西和县漾水河城区段生态环境治理工程

1 项目基本情况

XIANGMU JIBEN QINGKUANG...................................●

1.1 河流自然条件

西和县位于甘肃省东南部，处于渭河与西汉水分水岭的南测，隶属陇南市管辖，属国家贫困县。流域以黄土丘陵为主，海拔高程在 1500 ~ 2300m 之间，西和县境内河流较多，各河总属嘉陵江水系，漾水河为该县最主要河流。

漾水河属西汉水的一级支流，发源于河口乡铁古坪，由南向北流经何坝、十里、汉源镇、西峪、石堡、长道，于礼县蒙张汇入西汉水，流域总面积 682km²，河流全长 47.4km，其中西和县境内流域面积 618km²。漾水河横贯西河县城，县城境内有支流卢河、白水河、白冯河、任河及孟磨河汇入，其中较大支流为白水河和孟磨河。西河县城位于支流卢河汇入口以上，控制流域面积 275km²，河长 24.6km。县城卢河汇入口以上流域内建有两座已成水库，分别为县城区上游漾水河干流的黄江水库和支流白水河的晚家峡水库。漾水河流域径流主要由降水形成，卢河口断面多年平均径流量 2571 万 m³。漾水河县城段防洪标准为 20 年一遇，孟磨河口以上设计洪峰流量 388 m³/s，孟磨河口—白河口段 529 m³/s，白河口—卢河口段 683 m³/s。漾水河上游多为陡峭石山，山面破碎，植被条件差，水土流失较为严重，流域多年平均输沙模数 2670t/km²，多年平均输沙量：孟磨河口以上段 25.5 万 t，白水河河口以上段 38.1 万 t，卢河河口以上段 50.4 万 t。

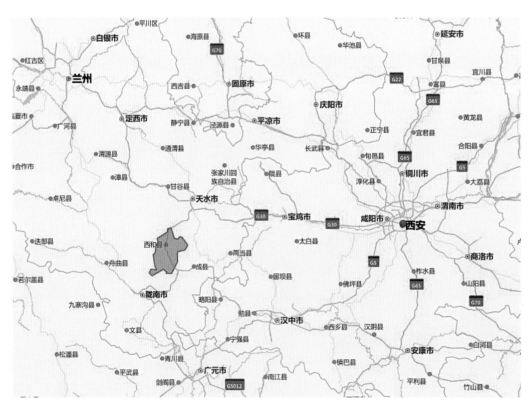

西和县地理位置图

西河县气候属暖温带湿润区，多年平均降雨量533.9mm，多年平均蒸发量1262.5mm，年日照时数1731.4h。

1.2 工程现状及存在问题

漾水河由南向北自西和城区穿过，治理河段上起五里村，下至卢河河口，河段长4.9km，河宽约50～70m，河道平均比降5.45‰。左岸分布有堤防工程，右岸堤防不连续，部分段无堤防工程，已成堤防标准低、质量差、堤基埋深浅，属低标准堤防，不能形成完整的防洪体系，现状堤防不足以防御漾水河20年一遇设防洪水的能力，城区防洪主要依靠堤防工程，防汛任务重，防洪安全亟待解决。

漾水河自城区穿城而过，汛期洪水峰高量大，含沙量较大；非汛期河道流量小，两岸工业、生活污水和雨水直排入河道，治理河段共有39个排污口，水质污染严重。漾水河城区河段基本无可供观赏的水面，河道内淤积严重、杂草丛生，垃圾和污水横流，与城区环境的改善和发展要求很不适应，严重影响了西和县整体形象，制约着城区经济的发展。改善城区河段水环境现状已成当务之急。

治理前状况

2 设计理念与目标

SHEJI LINIAN YU MUBIAO

2.1 设计理念

设计理念包括：①工程功能定位首要是防洪，其次是蓄水，形成生态蓄水区；②人水和谐的治水理念；③县城河段以蓄水为主，形成宽 50～70m 带状蓄水景观带。

2.2 设计目标

通过 4.9km 县城河段水生态治理，在保障城市防洪安全的前提下，构建西和县漾水河生态水景观带，以期恢复河道生态功能，改善县城生态环境，使素有"伏羲生处、仇池故国"的西和再添灵气。

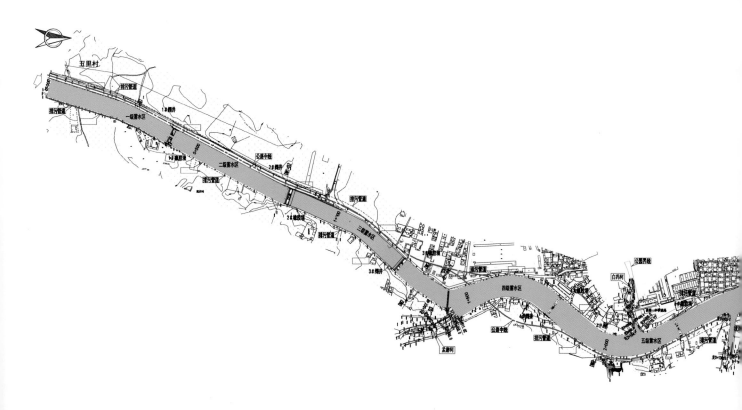

总平面布置图

3 工程规划设计
GONGCHENG GUIHUA SHEJI ·····························●

3.1 工程总布局

对工程区河道进行两岸堤防工程达标设计，对河道进行清淤疏浚，并规划在左右岸堤防外侧布设 10.6km 截污管道，将支沟和城区生活污水汇集后引入下游。在此基础上，进行河道水生态治理设计。

治理河段采用全断面蓄水方案，坝型采用充水枕式彩色橡胶坝，充分采用橡胶坝可随时塌坝泄空、不碍洪、有效泄洪排沙的特性。规划共布设 10 座橡胶坝和 1 座泄水闸，形成 10 个连续的蓄水库区，蓄水面全长 4830m，水面面积 28.5 万 m²（428.0 亩），蓄水总量 36 万 m³。规划蓄水区 1 ～ 4 号橡胶坝采用自流排水，5 ～ 10 号橡胶坝采用动力抽排。

3.2 主要建筑物设计

工程主要建筑物包括左右岸堤防、橡胶坝、泄水闸、排污涵管、泵房等。

3.2.1 左右岸堤防

本治理工程涉及城区段左岸堤防加固、右岸新修及加固堤防。

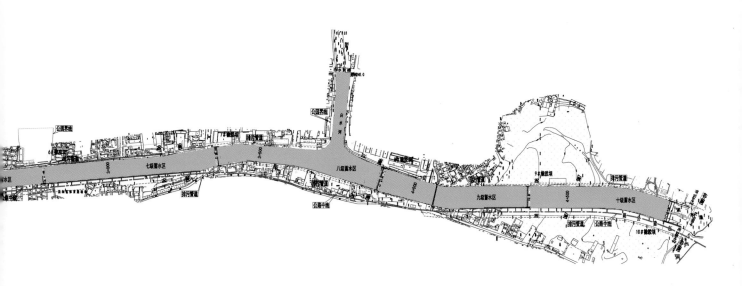

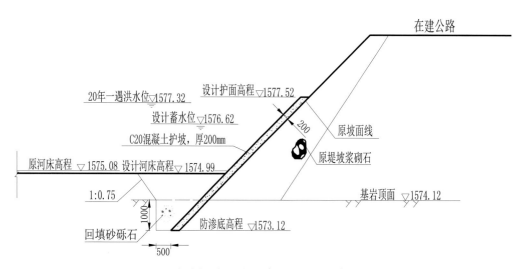

右岸堤防设计图（堤路结合段）

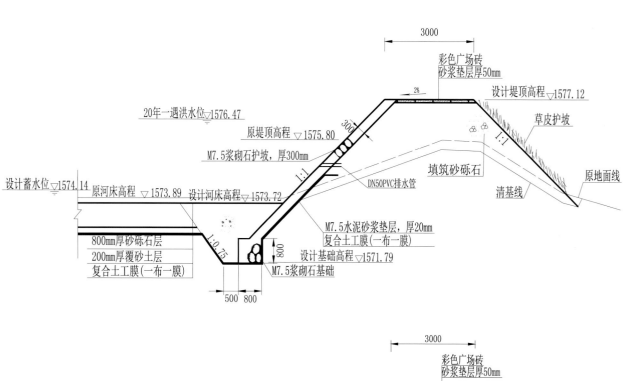

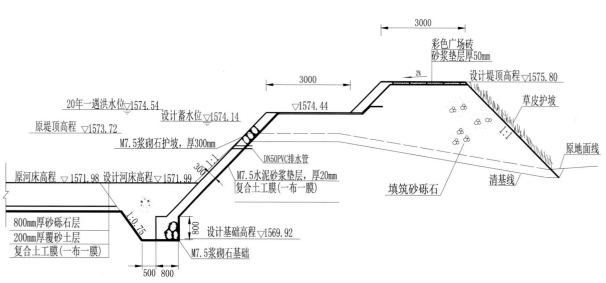

右岸堤防设计图（新修河堤段）

左岸堤防加固段长 4112.72m。设计对不满足本次设防高度要求的堤防进行加高，设计加固堤防边坡为 1：1。加固后堤防临水侧护坡采用 0.3m 厚浆砌石砌护，下设一布一膜复合土工膜防渗。

右岸堤防设计长度为 4130.40m，其中五里铺—孟磨河口段及孟磨河口下—东河桥段为加固堤防，长 2973.80m。对堤防高度不达标段进行加高设计并加固边坡，加固边坡为 1：1。加固后堤防临水侧护坡采用 0.3m 厚浆砌石砌护，下设一布一膜复合土工膜防渗；对在建公路堤段，为满足蓄水区防渗要求，设计在临水侧浆砌石挡墙表面采用厚 20cm 的 C20 混凝土进行砌护。右堤新修堤防长度 1156.60m，堤防断面为梯形（复式断面），堤顶宽 3.0m，堤顶路面采用彩色广场砖铺设，内、外坡比均为 1：1.0。堤防临水侧护坡采用 0.3m 厚浆砌石砌护，下设一布一膜复合土工膜防渗，基础采用 M7.5 浆砌石，背水坡采用草皮防护。

3.2.2 挡水坝

河道挡水、泄水建筑物主要进行了橡胶坝方案和闸坝结合方案比较。参考已建工程经验，结合本工程具体情况，对两者经过多方面比较分析，本工程挡水、泄水建筑物初步确定采用橡胶坝作为挡水建筑物。根据确定的工程平面布置，设计共布设 10 道橡胶坝，形成 10 个连续的蓄水库区，单级蓄水面长 420～550m 不等，蓄水面全长 4830m，水面面积 28.5 万 m^2（428.0 亩）。橡胶坝段沿河道方向主要由上游防冲干砌石段、钢筋混凝土铺盖、橡胶坝底板、消力池、海漫及下游防冲干砌石段组成。

1 号坝布置泄水闸 1 座，泄水闸沿河道堤防边布置。闸孔净宽 5.0m，闸墩长 9.5m，闸墩和底板为整体式现浇钢筋混凝土结构，底板厚度同橡胶坝地板，边墩厚 1.0m，泄水闸各组成部分及长度同橡胶坝。

3.2.3 泵房

本工程布置 10 座橡胶坝，形成连续的蓄水水面，根据蓄水区橡胶坝的布置，设计从水源、泵站管理、运行、投资等方面综合比较，并参照类似工程，设计 1～4 号橡胶坝采用自流排水方案，布置控制阀井 4 座，5～10 号橡胶坝采用动力抽排方案，布置泵站 3 座，每座泵站控制两座橡胶坝。泵站站址选择时，结合河道两岸的地形条件，为避免与道路及现状建筑物等发生冲突，设计初步确定 1 号、2 号泵站布设在河道右岸，3 号泵站布设在河道左岸，3 座泵站均布置于其控制的两座橡胶坝之间。

3.2.4 截污工程

根据西和县城区污水处理现状，设计从满足蓄水区水质要求出发，对现状蓄水区两岸的雨污水进行截流，送入蓄水区下游。本次设计左岸共统计排污口 33 个，其中漾水河干流共 24 个，白水河左右岸共 9 个，右岸排污口 6 个。设计沿漾水河左右岸各布设一道主排污管，管道管径均为 DN700～DN800，总长度为 10550m。

3.2.5 防渗处理

本工程防渗处理主要为蓄水区的防渗，包括蓄水区左、右岸堤防防渗及橡胶坝坝基防渗工程设计。从防渗效果、节约投资、施工等方面综合分析比较，设计对白水河以上段即 1～7 号坝进行垂直铺塑防渗，白水河以下 7～10 号坝段为了尽量不改变原城区段的水文地质环境，维持原地下水的两个泄水通道畅通，设计采取水平防渗方案。

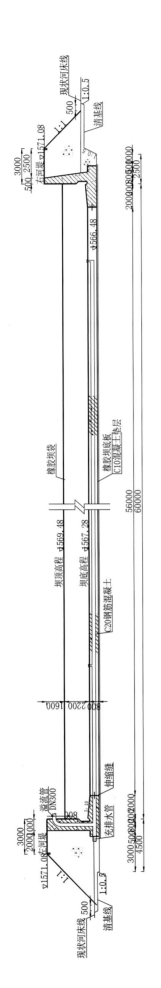

橡胶坝横剖面图

橡胶坝纵剖面图

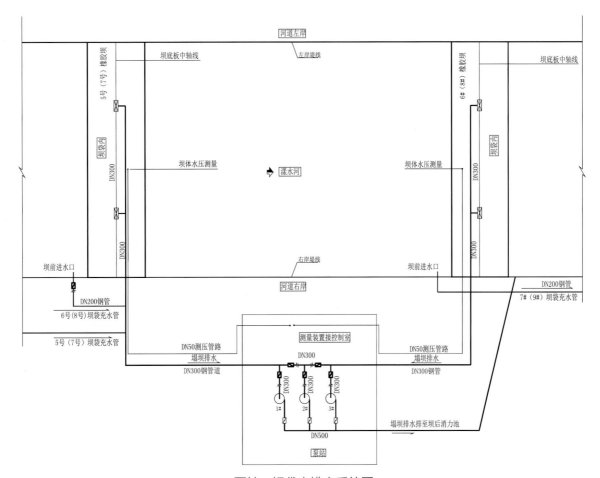

泵站—坝袋充排水系统图

4 创新与总结
CHUANGXIN YU ZONGJIE ....

　　陕西院 2007 年承担该项目勘测设计任务，2010 年建成蓄水，生态修复效果和景观效果显著。首次利用河道落差，对橡胶坝坝袋采用自流排水，设置排水阀井取代泵站控制系统。根据河水与地下水水力联系特点，对白水河以上河段进行垂直铺塑防渗，防渗体深入泥岩 1.0m；对白水河以下段采用土工膜水平防渗方案，以不改变城区水文地质环境。

甘肃省武威市杨家坝河
城区段防洪景观生态
综合治理工程

1 工程基本情况
GONGCHENG JIBEN QINGKUANG ....

1.1 河流自然条件

武威市位于甘肃省中部河西走廊东端，国家级历史文化名城，是兰州西行到河西走廊旅游的第一大站，历史上曾是战略要塞，南面是巍巍的祁连山，东北为浩瀚的腾格里沙漠，中部走廊平原，有"通一线于广漠，控五郡之咽喉"的战略地理优势，总面积 3.3 万 km²。

武威深居内陆腹地，是典型的大陆性气候，干旱少雨，蒸发量大，昼夜温差悬殊。年降水量 158.4mm，蒸发量 2021.0mm，年日照时数 2945.3h。

杨家坝河横穿武威市境内，生态治理河段位于武威市东侧，治理河段长度 7.1km。该段地理位置重要，左岸是武威市主城区。

金塔河是内陆河流域石羊河水系的一条主要支流，杨家坝河是金塔河的骨干行洪河道。金塔河地表径流由大气降水、冰川、冰雪融水组成，多年平均流量 4.95m³/s，年径流量 1.44 亿 m³。南营水库位于工程区上游 18km 处，是一座以防洪为主，兼顾灌溉、发电的中型水库，总库容 2000 万 m³。南营水库灌区设计灌溉面积 13.85 万亩，水库自 2008 年开始，南营水库开始向下游民勤输水。每年汛期金塔河来水经南营水库调蓄后，泄入杨家坝河，杨家坝河是南营水库下泄洪水和排沙的通道。

金塔河洪水的特点是暴涨暴落，峰形尖瘦，历时短，峰高量小，一般多呈现单峰形，持续时间较短，但瞬时造成的灾害大，破坏性严重。杨家坝河武威城区段设计洪水，由金塔河 100 年一遇设计洪水经南营水库调蓄后，相应最大下泄流量与区间洪水组成，武威市城市防洪标准为 100 年一遇，设计洪峰流量 545m³/s。工程区侵蚀模数 279t/（km²·a），年平均含沙量 1.72kg/m³，多年悬移质输沙量为 22.7 万 t。

杨家坝河是金塔河主要的泄洪通道，河流横穿武威市境内，左岸是武威市主城区，河道右岸堤防外侧紧邻南营水库的东干渠，工程区河段总体呈南北展布，平面上基本处于一个"S"形微弯河段，河道较为规整，滩槽不明显，河道宽度 95 ~ 260m，河道平均比降 13.2‰，局部河段比降达 15‰，治理河段河床落差 86m。河床质主要为洪积砂卵砾石，结构松散，具强透水性，地水位埋深 80 ~ 20m。由于两岸已修建有堤防工程，受其约束，河道平面形态相对稳定，加之工程区河段 8 座桥梁的控导作用，河道总体基本处于相对稳定状态。

杨家坝河道常年无地表水，仅在汛期作为金塔河行洪河道排泄上游水库下泄洪水和定期向民勤红崖山水库下放协议计划配水。

1.2 工程现状及存在问题

　　武威市城区段堤防工程经过几十年的运行，老化破损严重，在洪水冲刷侵蚀下部分河堤堤基遭到淘刷，因基础失稳形成的病害段很多，特别是右岸仍有部分无堤段，河道现状行洪能力不足200m³/s，已不能满足《武威市城市总体规划（2001—2020年）》确定的100年一遇的城市防洪标准要求，须对无堤段新修堤防，对现有堤防进行加高加固处理，使城区河道形成封闭的防御体系，以满足武威市城区建设发展对防洪的要求。

　　杨家坝河穿城而过，是武威市及下游生态植被的重要水利命脉，是武威市人民的母亲河，理应成为武威的形象河。然而，由于上游修建有南营水库拦蓄，来水量日趋减少，杨家坝河城区段河道几乎常年断流，仅在每年汛期泄洪冲沙或水库向下游输水时方有部分水量下泄，且水质浑浊。河道长期处于干涸状态，河床滩面裸露，垃圾、污水排入河道，与城市面貌极不协调，与广大市民要求改善城市的生态环境、提高生活质量的愿望相悖，与城市环境的改善和发展要求很不适应，制约着武威市社会、经济的持续发展。因此，治理改善杨家坝河城区段水生态环境，使母亲河重换新颜十分必要。

治理前状况

2 设计理念与目标

SHEJI LINIAN YU MUBIAO ⋯⋯⋯⋯⋯⋯⋯⋯⋯⋯⋯⋯⋯⋯⋯⋯⋯

武威地处干旱地区，城市缺少水和绿色。杨家坝河穿城而过，是武威市及下游生态植被的重要水利命脉，维系杨家坝河水体，改善河道生态环境，实现城市建设可持续发展，是工程治理的宗旨。

2.1 设计理念

基于杨家坝河水资源短缺，城市河道干涸无水，南营水库的东干渠紧邻河道右岸堤防外侧，治理工程的设计理念如下。

（1）以城市防洪安全为前提，保持杨家坝河泄洪排沙基本功能，采用清洪分治理念恢复水生态。

（2）以水生态修复为重点，实现南营水库、灌区渠系水、城区河道生态蓄水水系一体化循环利用理念。

（3）赋予城市河流安全性、亲水性、生态性、景观性、地域文化性等城市综合服务功能，营造城市河流水生态廊道。

2.2 设计目标

本工程的功能定位首要是防洪，其次是蓄水，形成水生态区，改善城市河道生态环境。

通过对连霍高速公路桥—拥军桥 7.1km 河道进行生态治理工程的建设，修建低坝，利用河道拦蓄清水，形成长约 6km 的生态蓄水区，营造优美的城市水生态环境，旨在该区域营造出水（蓄水面）、绿地（滨河生态公园）、桥梁、路为一体的优美景区，把城区杨家坝河段建成集水利、旅游等多功能为一体的环境优美、风景秀丽，具有地方特色和历史文化特色鲜明的园林化景区，形成一道靓丽的风景线，同时确保城区防洪标准达到 100 年一遇，重现"天马湖"风采，构建人、水、自然和谐相处的人居环境。

3 工程规划设计

GONGCHENG GUIHUA SHEJI ⋯⋯⋯⋯⋯⋯⋯⋯⋯⋯⋯⋯⋯⋯⋯

武威市杨家坝河市区段环境治理工程是一个系统工程，涉及城市河道水利及防洪、泥沙、水景观、污水治理、两岸景区美化等综合性项目。

工程既要改善市区河段生态环境，形成景观水面，又要充分节约水资源的治理原则，根据武威的自然条件，结合市区河道现状、南营水库及灌区现状，工程自河道右岸的灌区东干渠引水进入工程区河道，在约 6.09km 的河道内形成水景。

3.1 水系规划

规划自河道右岸的灌区东干渠引水进入工程区河道，在 7.1km 城区河道内形成生态蓄水区，蓄满后来水通过坝顶溢流下泄至下游河道。本工程包含两部分：一是水源部分；二是市区河道综合治理部分。

设计将整个工程划分为：①自东干渠引水的取水管线长约 2.2km；②对市区 7.1km 河道进行左右岸堤防达标治理，防洪标准为 100 年一遇。在此基础上，对兰新铁路桥以下的 6.4km 河道形成长 6.1km 的生态蓄水区，水面宽 60～236m，靠近右岸堤防修建泄洪槽宽 10m。工程区河道两岸根据武威的人文历史、城市总体规划及发展前景，进行统一规划设计，花、草、树、亭、阁、广场，协调布局，力求突出生态、环保、人文景观等。

3.2 水生态工程总体设计

设计采用清洪分治理念，规划将治理段河道划分为蓄水区及行洪区两部分，在靠近河道右岸修建泄洪槽将河道一分为二，左侧为蓄水河槽。即该方案将上游水库下泄的洪水泥沙与蓄水区分开，自泄洪槽通过，左侧蓄水槽为蓄水区，自右岸东干渠引水入河。规划泄洪槽设防标准为 100m³/s，槽宽 10m。即：当上游水库下泄洪水低于 100m³/s 时，水库的泄洪排沙均自泄洪槽排入工程区下游，蓄水区均可正常运行，不受上游水库及河道泄洪、排沙的影响；当上游下泄水量超过 100m³/s 时，蓄水区方塌坝泄空，全河道过洪，以确保城市防洪安全。

规划在蓄水河槽内采用橡胶坝与跌水堰间隔布置，形成基本连续的蓄水梯级湖区，深水、浅水相间布置，可按水深情况划分为不同的功能区，如浅水嬉戏区、深水划船区、音乐喷泉区等。规划 6.1km 治理河段共布设 10 座橡胶坝、24 座跌水堰，共形成 10 级基本连续的蓄水湖区，水面宽 60～236m，蓄水景观湖总长 6.1km，生态蓄水区面积为 71 万 m²（1066 亩），一次蓄水量为 55 万 m³。

同时，工程区规划灯光亮化工程，在橡胶坝、跌水堰、浅水区汀步和凉亭等布置各色灯带，在亲水平台、堤岸等布置造型各异的艺术彩灯，实现蓄水区的生态化、人性化、美观性和亲水性，增加市民与水的亲和性，使人和自然的关系更加和谐，同时为市民营造一个修身养性的最佳人居环境。

杨家坝河蓄水景观区定名为"天马湖"，形成优美的杨家坝风情线。

3.2.1 橡胶坝设计

工程共布置橡胶坝 10 座，橡胶坝坝高均为 2.5m，坝长 59.3～225.0m，内压比为 1：3，坝袋长度大于 100m 时，根据长度不同进行分跨布置。

坝袋采用充水枕式，双锚线布置，螺栓锚固型式的充水橡胶坝。塌坝采用强制抽排，塌坝泄空时间控制为 1.0h。

3.2.2 跌水堰设计

工程在各级蓄水区中间共布置跌水堰 24 座。为确保泄洪安全，每座跌水堰底高程均采用堰址处的河床平均高程，河床以上堰高均为 0.5m，堰后跌差 0.8～2.9m，采用单级跌坎 500mm×100mm

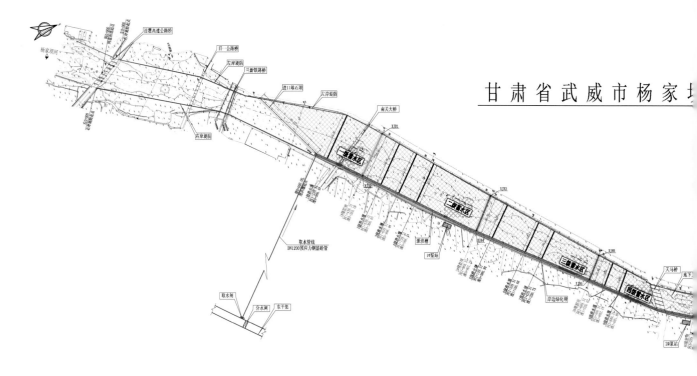

甘肃省武威市杨家坝

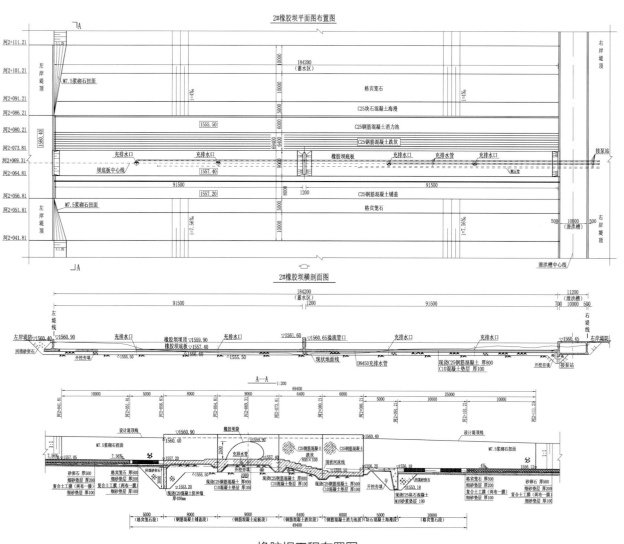

橡胶坝工程布置图

区段生态环境治理工程平面布置总图

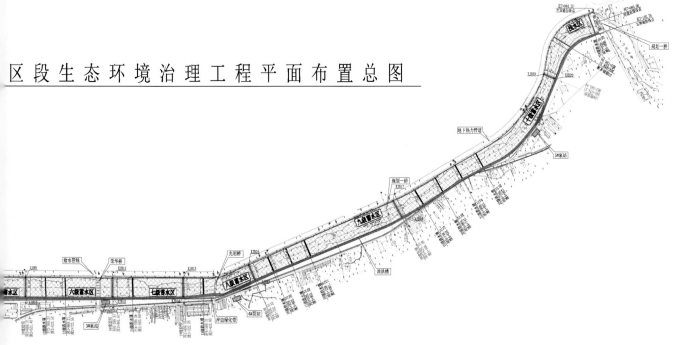

平面工程布置

泄洪槽开敞段横断面图

泄洪槽封闭段横断面图

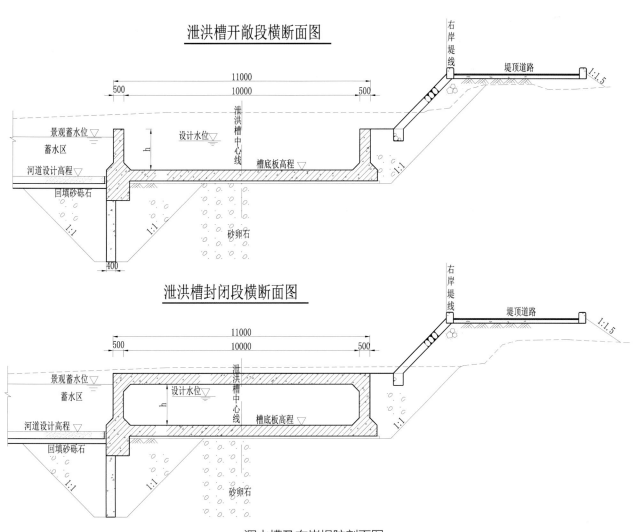

浑水槽及右岸堤防剖面图

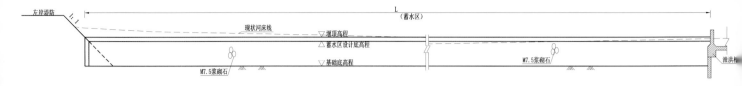

跌水堰纵剖面图 1:200

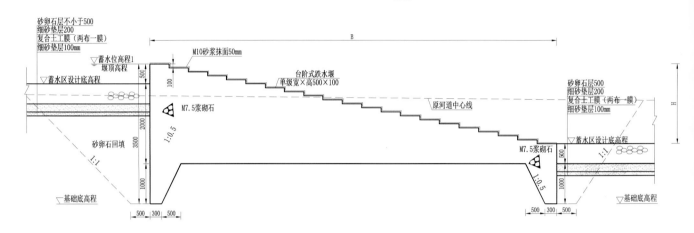

Ⅰ型跌水堰横剖面图 1:50

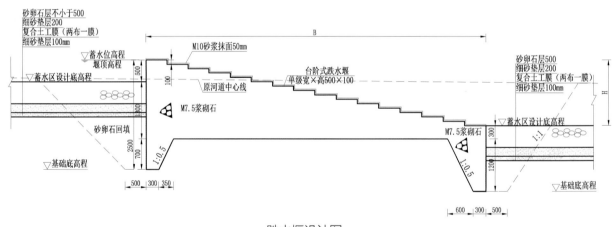

Ⅱ型跌水堰横剖面图 1:50

跌水堰设计图

的连续跌坎与下一级蓄水面相衔接。跌水堰采用 M7.5 浆砌石,宽顶堰型。

3.2.3 泄洪槽设计

泄洪槽横断面选用矩形钢筋混凝土断面,过流断面净宽 10m,设计水深 0.95 ~ 1.77m,泄洪槽高度为 1.7 ~ 2.3m。

泄洪槽平时过水流量较小,为使泄洪槽美观协调,拟在泄洪槽顶部进行美化设计。根据亲水、工程运行管理等需要,局部或间隔封闭为亲水平台、码头等亲水区域,既满足功能要求,又美观实用;未封闭段可以修建支架,种植藤蔓类植物进行点缀,与景观协调统一。

3.3 建筑景观设计

通过工程总体布置，左侧河道修建橡胶坝与跌水堰拦蓄水体，形成宽60～236m生态蓄水区，本身已是一处优美的水生态景观区。在此基础上，着重对各级浅水区、两侧带状绿地区进行景观设计。

浅水区内布设形态各异的汀步、凉亭、各色灯带，实现市民下河嬉水功能，同时形成优美的水景观效果和灯光视觉效果。

对右岸泄洪槽顶部进行间隔性封闭，封闭段作为亲水平台，并进行装饰美化，将右岸滨河公园与河道蓄水景观区有机衔接一体。

河道两侧带状绿地区，既注重植物绿化，同时充分利用园林小品，沿历史的长河展现武威的古老文明和现代化发展前景，达到现代与历史的和谐统一，使人们既游览了水景，同时也领略了武威厚重的历史文化和现代化风貌。

治理后鸟瞰效果图

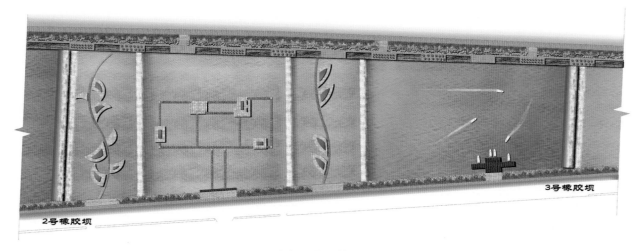

浅水区治理效果图

橡胶坝效果图

亲水平台效果图

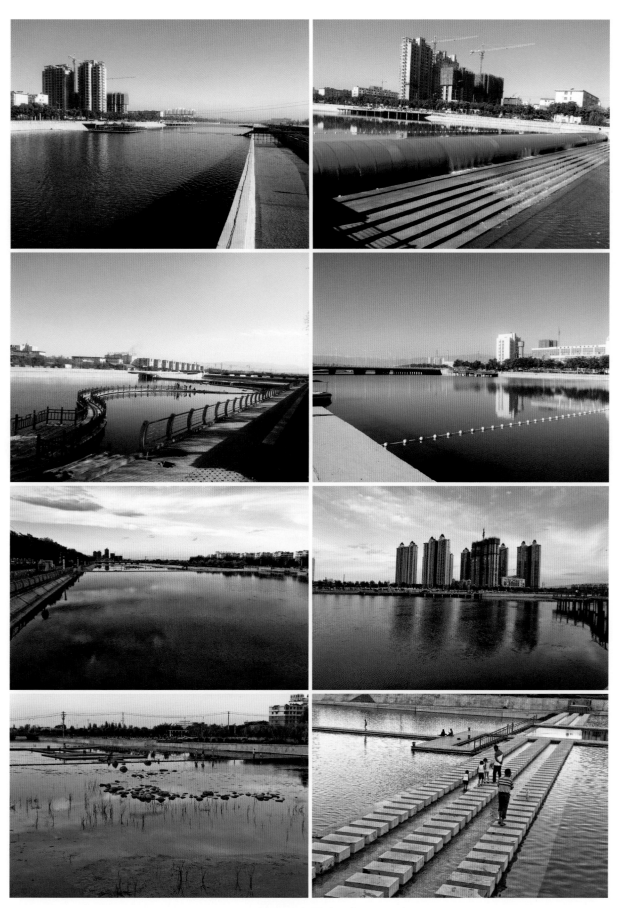

治理后实景（一）

治理后实景（二）

4 创新与总结

CHUANGXIN YU ZONGJIE ....●

针对杨家坝河水文特性和自然条件，利用河道右岸灌区东干渠向下游民勤输水的过境水引水入河形成生态蓄水区，蓄满后来水通过坝顶溢流下泄至下游河道进入民勤，很好地解决了水资源极度匮乏地区城市生态蓄水工程水资源问题。

清洪分治理念解决一定标准洪水安全泄洪，生态蓄水区免受 100m³/s 洪水破坏。工程采用充水枕式彩色橡胶坝与跌水堰间隔布置方案，很好地解决了大比降河流蓄水的问题，同时实现生态性、亲水性，不仅满足了市民亲水需求，更进一步实现了市民下河嬉水的愿景；采用充水枕式橡胶坝，让蓄水与防洪、排沙完美结合；采用复合土工膜水平防渗技术，很好地解决了强透水性河床蓄水渗漏问题。

我院 2010 年年初承担该项目勘测设计任务，项目分三期实施，2012 年年底一期建成蓄水，至今已基本全部建成蓄水，水生态效果显著。

甘肃省高台县黑河县城段
防洪暨生态治理工程

第1部分　一期治理工程（2011年）

1 工程基本情况

GONGCHENG JIBEN QINGKUANG ....●

1.1 河流自然条件

张掖市高台县位于河西走廊中部，黑河干流中游下段，距省会兰州市约600km，地处张掖盆地西北端，县境总面积4346.6km²。高台县历史悠久、文化灿烂，土地肥沃、水草丰茂，光热资源丰富，农业基础较好，是传统的灌溉农业经济区。

黑河是我国西北地区第二大内陆河,发源于青海省祁连山区,流经青海、甘肃、内蒙古3省（自治区），流域南以祁连山为界，北与蒙古人民共和国接壤，东西分别与石羊河、疏勒河流域相邻。黑河南起祁连山南北分水岭，北至居延海，干流全长约928km，流域面积11.6万km²。黑河径流主要由降雨及南部祁连山区冰雪融水形成，具有年内分配不均、年际变化相对平缓的特点，高台县城河段年径流量为9.50亿m³。城防洪标准为20年一遇，设计洪峰流量1200m³/s。黑河输沙量年际变化大，年内分配不均，汛期沙量占年沙量的94.9%，沙量主要集中在几场大洪水，县城段多年平均输沙量167万t，多年平均含沙量1.57kg/m³，最大断面含沙量为69.1kg/m³。黑河流域为典型的大陆性干旱气候，县城多年平均降水量130mm，多年平均蒸发量2038.4mm。

黑河从高台县北侧自东向西流过，生态治理工程上起六坝黑河大桥上游320m，下至乐善引水口门，治理河道长1.8km，河宽210～470m，河段平均比降约1.0‰。工程区河床宽浅顺直，中小水主河槽宽80～100m,河道内发育有河心滩,主河槽不固定,左右摆动,两岸为一级阶地,高出河床1～1.5m,地下水与河水基本持平，部分地面地下水出露。治理河段现有无坝引水口门2座，其中左岸一座，为乐善引水口门；右岸一座，位于六坝黑河大桥下游，为七坝引水口门。工程区左岸堤防外侧为国家级生态湿地自然保护区、高台县生态湿地公园。

黑河河床处于冲洪积平原之上，县城段河床质为第四系统全新细砂、中粗砂、砾砂混合层等，总厚度约20m，饱和，结构松散稍密，属中—强透水性，承载力150kPa左右，承载力较低，并具饱和砂土地震液化问题。

1.2 工程现状及存在问题

　　工程治理河段两岸仅有局部少量堤防，大多为天然岸坎线，河道沿岸防洪设施少，标准低，大部分区段处于不设防状态，防洪能力较弱，严重影响高台县县城防洪安全，整个区段未形成完整的防洪体系，防洪能力不满足20年一遇洪水设防要求，防洪标准有待进一步提高。

　　县城河段地处黑河干流中游下段，黑河自东向西依高台县城北侧穿行，是高台县重要的水利命脉，是高台人民的母亲河，理应成为高台的形象河。由于黑河径流、洪水特性的限制，黑河流域来水、用水关系的影响，加之黑河中游农业灌溉发达，用水量较大，多年来，城区河道干涸少水。黑河依城而过，却不能为城区提供可供观赏的水面，河道一年内多处于干涸状态，大部分滩面常年裸露，这与当地居民要求改善生态环境，提高生活质量的愿望相悖，也与城市环境改善和发展要求很不适应，制约着县城经济的发展。因此，改善市区河段水生态环境已成当务之急。

2 设计理念与目标
SHEJI LINIAN YU MUBIAO ....●

2.1 设计理念

　　设计理念包括：①遵循人水和谐的治水理念；②保障两岸防洪安全原则；③不改变黑河现有水量分配制度、节约水资源原则；④生态蓄水与灌溉用水合二为一；⑤工程生态化设计，与国家级湿地相适应；⑥生态蓄水与地域文化相融合理念。

治理前状况（一）

治理前状况（二）

2.2 设计目标

通过县城 1.8km 河道生态治理，形成优美的蓄水生态区，修复河道水生态，与左岸黑河国家级生态湿地区域衔接，并与两岸现有水库形成合力，构建富有高台特色的黑河滨河生态湿地园区，改善高台县城区段黑河河道及周边的生态环境。

整体设计旨在突出一个"水"字，强化一个"绿"字，体现一个"美"字，使城区河道成为一道"水清、岸绿、景美"的靓丽风景线。

3 工程规划设计
GONGCHENG GUIHUA SHEJI ....●

3.1 规划设计

3.1.1 总体规划

县城河段总体设计范围上起六坝黑河大桥上游 320m，下至永丰干渠引水口门上游 1.5km，治理河道总长 5.0km，设计三座充水橡胶坝，形成 3 级基本连续的蓄水梯级湖区，一级长 1.8km，二、三级长均为 1.5 km，各级蓄水区回水至上一级橡胶坝坝后，水面上下衔接，蓄水区总长度为 4.8km，蓄水水面宽 210～670m，蓄水湖区面积为 210.0 万 m²（3150 亩），一次蓄水量为 180 万 m³。整个方案以河道蓄水为主。

3.1.2 水生态工程总体设计

河道生态水景观治理首先建立在左右岸堤防的达标治理基础上。黑河高台县城段防洪标准为 20 年一遇，设计首先对左右岸堤防进行达标治理，堤防工程设计采用生态性防护理念。

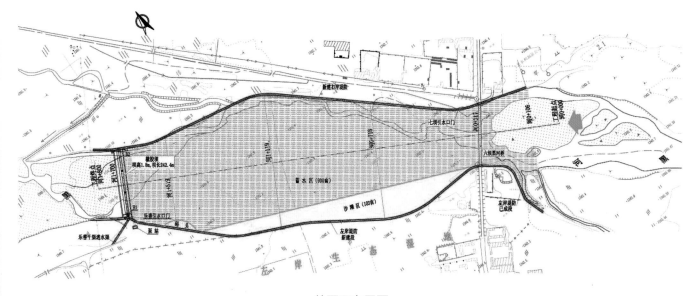

总平面布置图

治理后效果图

根据黑河水文特性，河道蓄水采用黑河径流。一期现行实施 1 号坝级一级蓄水区，工程将 210～670m 宽的河道全部作为蓄水区，同时兼有蓄水和泄洪排沙的功能。平时为全河道蓄水，成为生态蓄水湖面；主汛期视来洪来沙情况，及时塌坝泄洪排沙。

设计采用河道全断面蓄水方案，拦河坝采用充水枕式彩色橡胶坝与乐善引水口门水闸联合布置型式，既满足拦蓄河道清水形成优美的生态蓄水区，同时通过左侧引水闸引水灌溉乐善灌区农业。设计在 1.8km 治理河段布置一座橡胶坝，橡胶坝坝高 1.8m，坝长 242.4m，在左岸靠近堤防布置一座 3 孔冲沙闸和 2 孔进水闸组成的乐善引水口门，形成以橡胶坝和乐善引水口门联合布置的低坝枢纽。设计蓄水区总长为 1.7km，生态蓄水湖区面积为 62.0 万 m² (930.0 亩)，一次蓄水量为 60 万 m³。

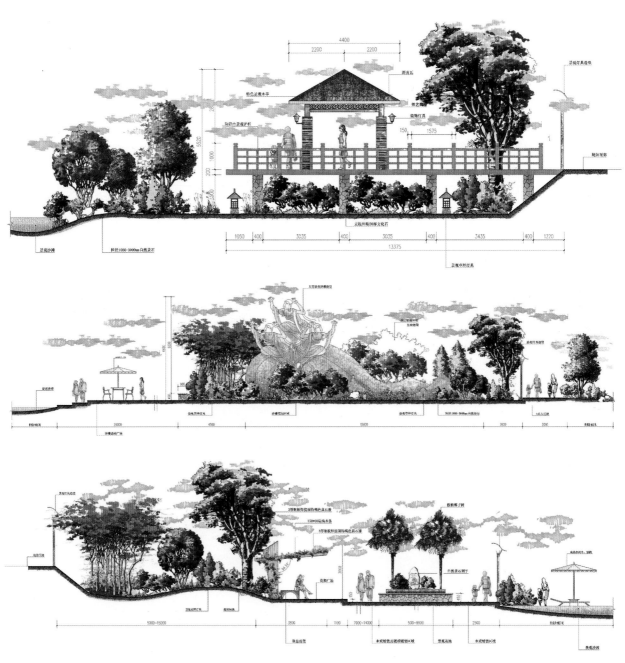

节点效果图

河道内以宽阔的蓄水区为主，波光粼粼的水面与左堤外绿草茵茵的生态湿地交相辉映。设计贯穿生态设计理念，堤坡全部生态性防护，闸房采用松木木质结构，河道内水波荡漾，岸边水草丰美，构成黑河高台国家级生态湿地，生态修复效果和景观效果显著。

3.1.3 生态性、亲水性设计

为实现亲水性，在六坝黑河大桥下游蓄水区左岸堤脚依河道地形布置滩地公园，面积为 6.8 万 m^2，公园内布置沙滩、亲水栈道等休闲设施；在橡胶坝坝前深水区设置码头、大型看台等亲水设施；两岸堤防均沿堤顶布置堤顶道路，可使游人、电瓶车等交通游览设施全线畅通。整个景区统一设计亮化工程，使整个工程区夜景优美，流光溢彩。

3.1.4 建筑景观设计

高台，是历史上西游记中唐僧晒经书的地方。设计河道生态蓄水景观与地域文化相融合理念，将深水区亲水看台设计为大型文化广场，矗立一座西游记唐僧一行西天取经的大型雕塑，宏伟壮观。

工程建成后实景（一）

工程建成后实景（二）

工程建成后实景（三）

3.2 主要建筑物设计

本工程主要建筑物包括橡胶坝、左右岸堤防工程、沙滩工程、泵房等。

3.2.1 橡胶坝设计

为与整个工程及市区环境协调，设计采用充水式橡胶坝，彩色坝袋，双锚线布置，螺栓锚固。胶布规格二布三胶。

本工程共布置橡胶坝工程一座，位于六坝黑河桥下游 1410m 处，坝址桩号为河 1+700，坝高 1.8m，坝长 242.4m，分为 3 个坝段，每个坝段净坝长均为 80.0m，各坝段之间采用中墩分隔，中墩厚 1.2m，各坝段均可独立塌泄。橡胶坝坝左侧连接乐善引水口门泄水闸，右侧接右岸堤防。

3.2.2 堤防工程

确定合理的整治宽度，对保证行洪和两岸安全尤为重要。本工程根据地形条件，维持天然河道宽度，给泄洪足够的通道，防止堤距过窄加重防洪负担。两岸堤防布置基本维持《甘肃省高台县黑河干流巷道乡八一村—西腰墩水库段河道治理工程可行性研究报告》中堤线位置不变，只是在橡胶坝坝址附近，根据建筑物的布置做局部调整。依据《堤防工程设计规范》（GB 50286—98），经计算，综合确定治理河段两岸堤防超高为 1.4m。

为了保证左岸沙滩工程有一定的防洪标准，结合类似工程设计经验，沙滩工程高程按照 20 年一遇水位确定，不加超高。左右岸堤防均采用沙砾混合料填筑。

（1）左岸堤防工程设计。左岸堤防工程设计长 1900.00m。根据河道平面走向，设计在六坝黑河桥以下段布置滩地公园，沙滩高程按该河段 20 年一遇设计洪水位控制，滩面自然起伏，滩边与蓄水区自然衔接。堤防设计采用复式断面形式，为本次新修堤防工程。沙滩外侧的堤防高程按设计洪水位加 1.4m 超高控制，堤顶宽 6.0m，堤顶向临水侧设 2% 坡度，临水侧边坡采用格宾笼石防护并植草，设计坡比 1：3，格宾笼石厚 0.3m，护坡基础采用 M7.5 浆砌石，背水侧采用草皮护坡，采用缓坡与堤防外侧湿地公园衔接，并植草防护，并结合湿地公园道路设计，公园与堤顶之间布置适当的连接道路。

（2）右岸堤防工程设计。右岸堤防全长 1729.95m，采用梯形断面，设计堤顶宽度为 4.0，砂砾石路面，堤顶向临水侧设 2% 坡度，临水侧蓄水位以下采用 M7.5 浆砌石防护，厚度为 0.7m，设计坡比为 1：2.5，蓄水位以上采用格宾笼石防护，厚度为 0.3m，设计坡比为 1：2.25，在格宾笼石下铺设土工布反滤，土工布与格宾笼石之间设 10cm 厚砂垫层，堤防背水侧坡比为 1：2。结合堤防工程在右岸堤防合适位置布置亲水平台。

3.2.3 充排水泵站

根据工程充排水需要，结合坝址处现状地形条件，鉴于两岸堤防外均能满足泵站的布置。工程可行的坝袋充水水源有地下水、城市供水管道来水以及河道中的蓄水。本次设计采用打一座深 10m 的井，安装一台抽水井泵给橡胶坝充水。

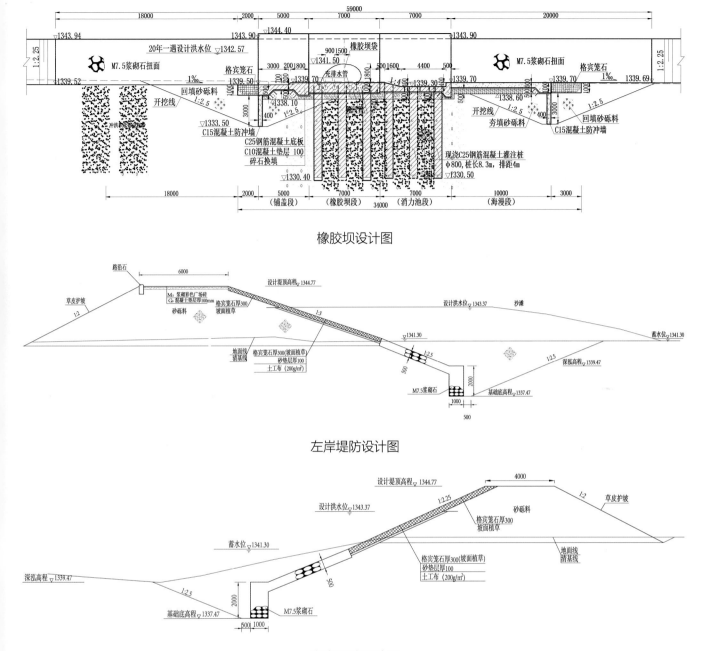

橡胶坝设计图

左岸堤防设计图

右岸堤防设计图

3.2.4 橡胶坝基础处理

橡胶坝基础基本位于第一层为冲洪积粉土与第二层冲洪积细砂层，承载力较低，基本为100~150kPa，且在Ⅶ度地震条件下具有中等液化性，所以必须进行地基处理才能满足地基承载力和抗震要求。

本工程建筑物高度均不大，重点是采取合理的结构和构造措施以及进行基础处理。根据橡胶坝布置及受力条件，确定地基处理范围为橡胶坝基础及消力池基础，并包括两侧边墙基础。设计基础处理采用C25钢筋混凝土灌注桩，桩径0.8m，处理深度8.3m，桩基深入液化层以下1.2m。灌注桩顺水流方向布置6排，橡胶坝基础及消力池基础下各3排，排距2.4m，坝底板与消力池之间两根桩间距为

2.2m，垂直河道方向桩距为 4.0m。梅花型布置，橡胶坝段及消力池段共布置桩 368 根，在桩顶和基础之间铺设 300 ～ 600mm 厚碎石垫层，要求碾压相对密度不小于 0.75。

4 创新与总结
CHUANGXIN YU ZONGJIE．．．．．．．．．．．．．．．．．．．．．．．．．．．．．．．●

4.1 设计创新

（1）准确把握黑河水沙特性，全河道作为蓄水区，同时兼有蓄水和泄洪排沙功能，通过工程调度运行非工程措施，解决洪水泥沙与蓄水的矛盾问题。

（2）首次采用充水枕式彩色橡胶坝与灌区渠首闸联合布置的低坝枢纽型式，既满足拦蓄河水形成蓄水区，同时引水灌溉乐善灌区农业，使生态蓄水与灌溉用水合二为一，很好地解决了水资源匮乏问题，值得推广。

（3）堤防岸坡全生态化设计，生态效果佳。

（4）通过水文地质分析和水量平衡分析，对蓄水区河段不防渗，很好地保持了河道内蓄水区与两岸生态湿地的水力联系。

（5）采用振冲碎石桩技术有效处理坝基砂层地震液化问题。

4.2 设计总结

我院 2011 年 4 月承担该项目勘测设计任务，2012 年年底一期 1.8km 工程建成蓄水，河道内波光粼粼的蓄水景观与堤外绿草茵茵的生态湿地相互融合，构成了黑河高台国家级生态湿地，生态修复效果和景观效果显著。

第2部分 二期治理工程（2015年）

5 二期项目情况

ERQI XIANGMU QINGKUANG ....

5.1 河流自然条件

张掖市高台县是甘肃省的粮棉大县和农业综合开发重点县之一。作为传统的灌溉农业经济区，目前全县已形成粮食、蔬菜、制种、草畜、矿产五大支柱产业，建立起了具有地方特色的较完整的工业体系，全县综合经济实力大大增强，人民物质文化生活水平稳步提高。

本次二期工程治理范围上起已建成的一期工程（黑河县城段防洪暨生态治理工程）橡胶坝，下至下游2.28km处结束，治理河段长2.28km。工程区位于黑河国家级湿地自然保护区，现状河宽250～640m，宽窄不等，河段平均比降约0.6‰。河床上游段基本宽浅顺直，下游河道摆动，中小水主河槽宽80～100m，河道内发育有河心滩，主河槽不固定，左右摆动，两岸为一级阶地，高出河床1～1.5m，阶面平坦开阔，已垦为耕地，地下水与河水基本持平。

工程治理区左岸为已成堤防，修建于2014年，设计防洪标准20年一遇。右岸堤防上游起始于一期橡胶坝右岸，防洪标准为10年一遇，分布于桩号0+000～1+686之间，全长1.686km，修建于2015年，略晚于左岸。左右岸已成堤防基本能满足设计的防洪质量要求。右岸剩余840m为天然岸坎，无堤防布设。

5.2 工程现状及存在问题

在本次治理河段内，根据治理河段现状，左岸为已建的堤防工程，右岸在建有1.52km堤防工程，治理河段右岸还有约1.0km无堤防工程。无堤防段河道为弯道河段，受到水流冲刷、淘蚀严重，就现状而言，整个区段未形成完整的防洪体系，防洪能力不满足洪水设防要求，防洪标准有待进一步提高。

工程河段地处黑河干流中游下段，本次治理河段的上游为已经建设好的黑河湿地公园。黑河自东向西依高台县城北侧穿行，是高台县重要的水利命脉，是高台人民的母亲河，理应成为高台的形象河。由于黑河径流、洪水特性的限制，黑河流域来水、用水关系的影响，加之黑河中游农业灌溉相对发达，用水量较大，多年来，城区河道干涸少水。黑河依城而过，本次治理河段河道内多处于干涸状态，常

治理前状况

年大部分滩面裸露，杂草丛生，这与上游已建设好的黑河湿地公园形成明显的对比，也与当地居民要求改善生态环境，提高生活质量的愿望相悖，与城市环境改善和发展要求很不适应，制约着县城经济的发展。一期蓄水工程修建后，整个河道的形象得到了很大的改善，为城市人民的生态居住环境做出了贡献，随着城市的建设和人民生活水平的提高，对生态环境的要求越来越迫切，因此，改善市区河段水环境现状已成当务之急，修建二期河道治理工程也是必需的。

6 工程设计理念与目标
GONGCHENG SHEJI LINIAN YU MUBIAO ....

6.1 设计理念

设计理念包括：①保障两岸防洪安全原则；②工程生态化设计，与国家级湿地相适应；③生态蓄水与地域文化相融合理念。

6.2 设计目标

通过本工程的建设，修建低坝，利用河道拦蓄清水，形成优美的景观水面，与一期已成蓄水工程相辅相成，形成连续优美的水面景观，同时与左岸正在实施的岸边生态湿地区域衔接，并与两岸现有水库形成合力，构建富有高台特色的黑河滨河生态园区，彻底改善高台县城区段黑河河道及周边的生态环境，把黑河高台县城河段建成集水利、旅游休闲、开发等多功能为一体的环境优美、风景秀丽、地方特色和历史文化特色鲜明的园林化景区，以此为依托，提升工程区两岸土地开发潜力。

7 工程规划设计
GONGCHENG GUIHUA SHEJI .... ●

7.1 总体设计

二期工程河道治理范围自上游已成橡胶坝开始，至下游 2.28km 处结束，治理河道长 2.28km，南北两岸以堤线为界。

本工程河道生态水景观治理首先建立在左右岸堤防的达标治理基础上。左岸均为已成堤防，防洪标准为 20 年一遇，右岸上游段 1.69km 为已成堤防，防洪标准为 10 年一遇，本次治理范围右岸还有无堤河段，因此，首先要对右岸堤防进行 10 年一遇达标治理，同时对左岸已成堤防 20 年一遇防洪标准进行复核。右岸堤防根据现状堤防位置，在确保橡胶坝轴线与新建堤防线垂直，过流平顺的前提下将堤线延伸至建橡胶坝后 250m 处，接天然岸坎，设计新建堤防长 840.0m。

对于河道内的蓄水景观治理，根据本工程河道特性，结合一期工程总体布置，设计在已成橡胶坝下游 2.216km 处布设橡胶坝一座，坝高 1.8m，坝长 300m，蓄水区总长度为 2.216km，蓄水水面宽 242 ～ 640m（含湖心岛和生态湿地），景观蓄水位为 1339.00m，最大水深 1.8m，蓄水湖区面积为 69.0 万 m^2（1034.5 亩），一次蓄水量为 62.1 万 m^3。

7.2 水生态工程总体设计

设计方案以河道内 1034.5 亩宽阔的蓄水景观为主，为实现工程的生态性，在蓄水区中部保留河道内高程较高的滩地，适当整理后形成湖心岛，为鸟类栖息创造好的环境。部分高程接近蓄水位的滩地设计为生态湿地，可在生态湿地范围内修建人行栈道，形成四面环水的生态岛，在橡胶坝坝前深水区设置下堤踏步等亲水设施。两岸堤防的堤顶道路，可使游人、电瓶车等交通游览设施全线畅通。蓄水景观区应与左岸生态湿地公园有机结合起来，河道内以蓄水景观为主，可设计为划船区、沙滩区，岸

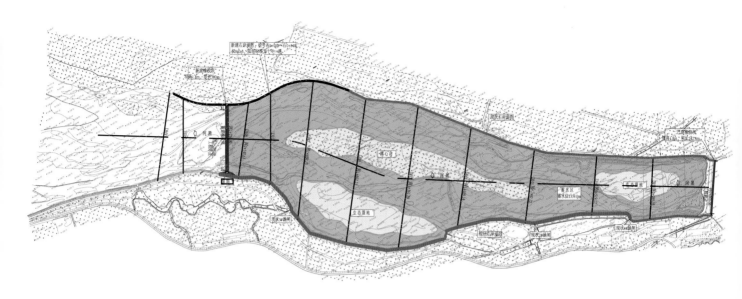

总平面布置图

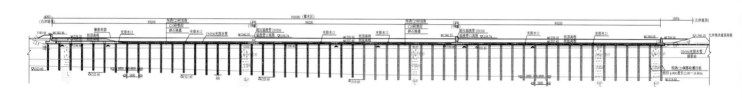

橡胶坝横剖面图

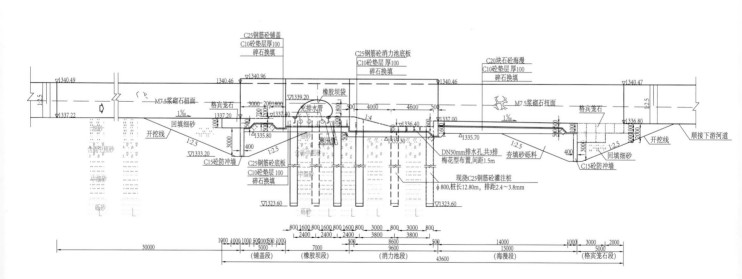

橡胶坝纵剖面图

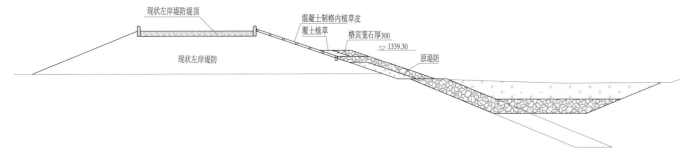

左岸堤防设计图

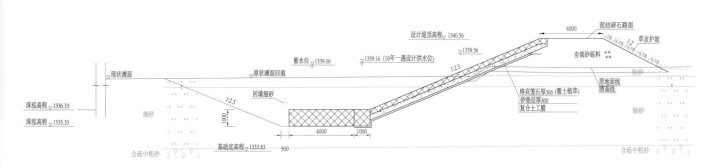

右岸堤防设计图

上生态湿地公园以休闲娱乐为主，使景观区功能丰富，景观效果更好。整个景区统一设计亮化工程，使整个工程区夜景优美，流光溢彩。

工程区两岸根据高台县的人文历史、县城总体设计及发展前景，进行统一设计，花、草、树、亭、阁、广场协调布局，力求突出生态、环保、人文景观等，并与两岸现有水库形成合力，构建出富有高台特色的黑河滨河生态园区。

8 创新与总结
CHUANGXIN YU ZONGJIE ....●

工程设计保留蓄水区中部及部分高程接近蓄水位的滩地，适当整理后形成湖心生态岛和生态湿地，为鸟类栖息创造好的环境。蓄水景观区设计与左岸高台县国家城市湿地公园有机结合，景观效果佳。

甘肃省酒泉市北大河
生态治理工程

1 工程基本情况
GONGCHENG JIBEN QINGKUANG ....●

1.1 河流自然条件

　　酒泉，为古丝绸之路的黄金地段，是敦煌艺术的故乡，现代航天科技的摇篮，中国石油工业和核工业的发祥地，旅游资源得天独厚。敦煌文化、边塞文化和航天科技享誉海内外，是西部地区极具影响力的旅游胜地,被评为"最具人气的西部名城"、中国优秀旅游城市和全国双拥模范城。酒泉物华天宝，是一块富涵资源的神奇之地，被列为全国重要的新能源基地。

　　酒泉市深居内陆腹地，具有明显大陆性气候特征，多年平均降水量仅 85.9mm，年蒸发量达 2112.3mm, 年日照数 2012.2h。

　　北大河与嘉峪关市的讨赖河属同一条河流，发源于讨赖河南山北麓，上游叫讨赖河，中下游叫北大河，于嘉峪关出峪，逐渐消失于戈壁沙漠，以暗流潜入黑河，为典型内陆河。北大河酒泉市区河段多年平均径流量为 5.17 亿 m³，酒泉市城市防洪标准为 50 年一遇，设计洪峰流量为 1100m³/s，年输沙总量 97.8 万 t。

　　北大河从酒泉市市区北侧缓缓流过，北大河生态治理工程位于酒泉市市区，治理范围上起酒嘉交界处，下至酒航路北大河桥以东 0.5km 处，治理河段总长 13.4km，砂卵石河床，河段平均比降 8‰，现状河宽 200 ~ 1100m，工程区上段处于一个弯道河段，中、下段基本处于微弯河段，现状河道受两岸堤防及现有桥梁的制约，河道为宽浅"U"形河槽，较为规整，河床基本平整，平面摆动不大，总体河势稳定。

1.2 工程现状及存在问题

　　酒泉市作为我国的航天城，北大河穿城而过，城市防洪安全至关重要。在 2011 年本工程治理前，酒泉市市区部分河段还存在无堤防段，整个酒泉市未形成完整的防洪体系，加之局部河道杂乱，有阻洪现象，整体不满足 50 年一遇洪水设防要求，防洪体系需进一步完善，防洪能力有待进一步提高。

治理前状况

作为戈壁滩上的城市，酒泉市的生态环境问题一直是制约城市发展的瓶颈。

北大河是酒泉市重要的水利命脉，是酒泉市人民的母亲河，理应成为酒泉的形象河。但北大河穿城而过，却不能为市区提供可供观赏的水面，河道每年多处于干涸状态，常年大部分砂砾石河滩裸露，河道内垃圾堆放，这与当地居民要求改善生态环境的愿望相悖，也与城市发展要求很不适应，制约着城市经济的发展。改善市区河段水环境现状已成当务之急。

2 设计理念与目标
SHEJI LINIAN YU MUBIAO

2.1 设计理念

水是依托，文化是灵魂，设计遵循"人无我有，人有我特"的总体设计理念。设计中以节水为基础、注重人水和谐、体现地方文化特色、突出水和绿色。设计理念包括：①以人为本——绿色设计；②注重亲水——人水和谐；③注重文化——地域特色；④注重亮化——营造夜景；⑤易于实施——因地制宜。

2.2 设计目标

在保障城市防洪安全的前提下，对酒泉市市区北大河段 13.4km 的河道进行综合治理，改善生态和人居环境，提升城市内涵和品位，带动北大河两岸新城区的开发建设。

规划修建低坝，利用河道拦蓄清水，营造优美的城市生态蓄水区，把酒泉市河段建成集水利、生态保护治理、开发等多功能为一体的环境优美、风景秀丽、地方特色和历史文化特色鲜明的生态保护风景区，构建酒泉市区北部的生态保护屏障。工程治理旨在突出一个"水"字，强化一个"绿"字，体现一个"美"字，使城区河道成为一道连接酒嘉的"水清、岸绿、景美"的靓丽风景线。

3 工程规划设计
GONGCHENG GUIHUA SHEJI

3.1 水源规划

工程建成以后，能否发挥设计效果，工程蓄水及补水水源是本工程的关键所在。为此，本工程水源应遵循：①本工程建于干旱地区，需充分考虑节约用水；②统筹下游各灌区用户用水和本工程景观

工程补水水源（蓄洪水库）鸟瞰效果图

水体用水，工程的实施应尽量减少对各灌区和用户的影响；③水体动静结合，既有碧波荡漾的水面，又有潺潺流动的溪水。

工程运行过程中的需水量包括初次蓄水，塌坝行洪后重新蓄水，蒸发、渗漏损失，以及改善蓄水区水质的补水量等，每年需水量为 283.3 万 m³。

工程区所在地为干旱地区，工程区可用水源主要为北大河地表水，但北大河每年间歇断流 71 天，且上游灌区农业发达，径流基本用于绿洲农业灌溉。为了满足工程蓄水及补水要求，规划在治理河段的上游右岸戈壁滩地修建蓄洪水库，蓄积北大河讨赖灌区用水时段内的洪水和讨赖河北干渠灌溉弃水，主要向本河道治理工程补水，兼顾北大河沿岸生态林地、绿地的灌溉。规划蓄洪水库设计总库容为 350 万 m³，通过管道引水入库，水库设计引水流量为 3.0m³/s，经过水库调节后，年供水总量可达 610 万 m³。在汛期河道内流量较大时，也可采用北大河地表水进行工程补水。

3.2 水生态工程总体规划

13.4km 治理河段内，酒银路北大河桥以上河段地下水埋藏较深，其下游地下水埋深浅，泉水丰富，水质清澈，水磨沟一带以明流出露。综合考虑城市总体规划，酒泉市北大河水沙特性，区域水资源匮乏的实际情况，及整治后的总体效果，规划 13.4km 治理河段划分为上、中、下三大功能景观区。

（1）上段：312 国道桥以上河道长 5.2km，规划为滨河公园生态区。

规划靠近右岸河滩布置滨河生态公园，最宽处约 170m，面积为 800 亩，左侧 290～730m 宽的河道保持自然泄洪排沙通道，基本维持现有河道状态，两者之间以护滩子堤相隔。

（2）中段：312 国道桥至酒银桥河段长 5.7km，规划为生态蓄水区，也是本工程的重点规划河段。

设计采用清洪分治两槽方案，将该段河道划分为蓄水区及泄洪区两部分，用中隔墙将蓄水河道一分为二，形成复式河槽，右侧主城区一侧为蓄水河槽，在宽度约 120～340m 的带状河道形成蓄水湖区，左侧为泄洪槽，宽度 80m。蓄水河槽采用橡胶坝与跌水堰间隔布置技术方案，形成基本连续的蓄水梯级湖区，深水、浅水相间布置，按水深情况划分为浅水嬉戏区、深水划船区等不同功能区。规划共布设 7 座橡胶坝、12 座跌水堰，共形成 7 级基本连续的蓄水湖区，蓄水面宽 120～340m，湖区面积为 98.0 万 m^2（1470.0 亩），一次蓄水量为 110 万 m^3。

整个工程区在低于 10 年一遇洪水标准情况下，蓄水河槽按蓄清水功能运行，平时为蓄水水面，洪水或不满足水质要求的水自泄洪槽下泄，为平时主要的泄洪通道；高于 10 年一遇洪水标准情况下，蓄水河槽橡胶坝塌坝，与泄洪槽共同泄洪，达到畅泄大洪水的目的。

（3）下段：酒银桥下游河段长 2.5km，该段地下水埋深浅，泉水出露，规划为自然生态湿地区，面积 58.7 万 m^2（880.0 亩）。

蓄水区效果图

3.3 亲水及人文景观

为实现工程的亲水性，在右岸堤防沿线布设亲水平台、码头、看台等亲水设施，可使交通游览设施全线畅通；跌水堰浅水区规划为亲水嬉戏区、深水区规划为划船区和音乐喷泉区；此外，景观区规划亮化工程，使整个工程区景观优美，功能丰富，流光溢彩。

滨河生态公园及两岸根据酒泉市的人文历史、城市总体规划及发展前景，进行统一规划设计，将历史文化和地域文化与现代表现手法相融合，花、草、树、亭、阁、广场、文化长廊等，协调布局，力求突出生态、环保、人文景观等。

3.4 主要建筑物设计

为了实现本工程的设计效果，需要一定的工程措施，本工程主要建筑物包括左右岸堤防、橡胶坝、中隔墙、堆石坝、跌水堰、泵站等。

3.4.1 左右岸堤防工程

工程区左右岸堤防为已建成的 50 年一遇达标堤防，现状堤防采用河道砂卵石分层碾压填筑，断面为梯形，临水侧护坡采用 C15 混凝土现浇。本次治理首先对堤防进行复核，根据复核情况进行生态化改建、加固等设计。

3.4.2 橡胶坝

为与整个治理工程及市区环境协调，本工程蓄水区采用彩色橡胶坝作为挡水建筑物。为保证每级蓄水区尾部与上一级跌水相衔接，根据治理段河道比降及蓄水区长度要求，蓄水区共布置 7 座橡胶坝，坝高均为 2.5m。同时，为了在河道有来水的时候，便于将河道径流引至蓄水区，设计在浑水河槽进口布置副坝一座，坝高 1.2m。

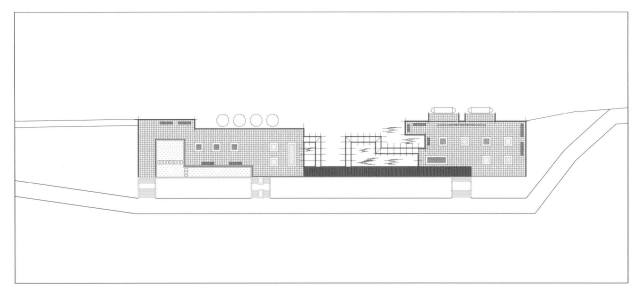

亲水平台平面图

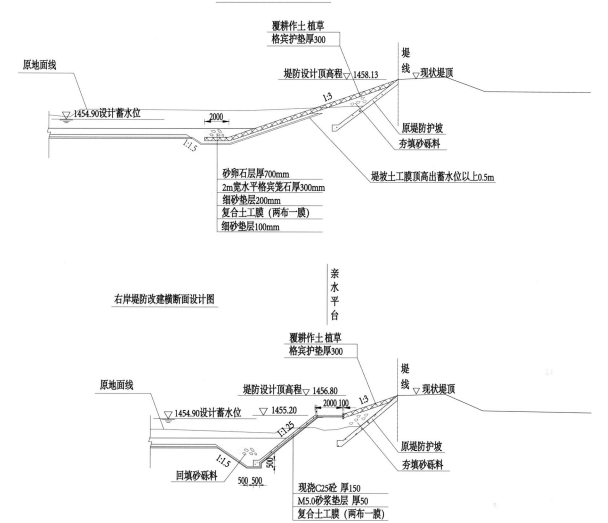

右岸堤防改建横断面设计图

覆耕作土植草
格宾护垫厚300

堤防设计顶高程 ▽1458.13

原地面线

堤线
▽现状堤顶

▽1454.90设计蓄水位

2000

1:3

1:1.5

原堤防护坡
夯填砂砾料

砂卵石层厚700mm
2m宽水平格宾笼石厚300mm
细砂垫层200mm
复合土工膜（两布一膜）
细砂垫层100mm

堤坡土工膜顶高出蓄水位以上0.5m

右岸堤防改建横断面设计图

亲水平台

覆耕作土植草
格宾护垫厚300

堤防设计顶高程 ▽1456.80

原地面线

堤线
▽现状堤顶

▽1454.90设计蓄水位 ▽1455.20

2000 100

1:3

1:1.25

1:1.5

回填砂砾料

500 500

原堤防护坡
夯填砂砾料

现浇C25砼 厚150
M5.0砂浆垫层 厚50
复合土工膜（两布一膜）

堤防工程设计图

12#跌水堰横剖面图
1:50

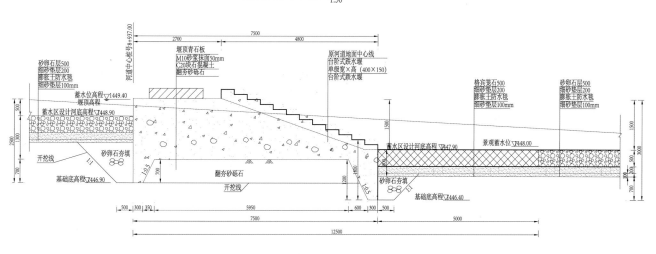

砂卵石层500
细砂垫层200
膨胀土防水毯
细砂垫层100mm

堤顶青石板
M10砂浆抹面50mm
C20块石混凝土
翻夯砂砾石

原河道地面中心线
台阶式跌水堰
单边宽×高（400×150）
台阶式跌水堰

格宾笼石500
细砂垫层200
膨胀土防水毯
细砂垫层100mm

砂卵石层500
细砂垫层200
膨胀土防水毯
细砂垫层100mm

蓄水位高程▽1449.40
堤顶高程
蓄水区设计河底高程▽448.90

景观蓄水位 ▽448.00
蓄水区设计河底高程▽447.90

开挖线

砂卵石夯填

翻夯砂砾石

砂卵石夯填

基础底高程▽446.90

开挖线

基础底高程▽446.40

500 300 150   5950   600 300 500
7500   5000
12500

跌水堰设计图

橡胶坝土建工程布置从上游到下游依次为上游宾格笼石防冲段、铺盖段、坝袋底板段、消力池段、跌坎段、下游宾格笼石防冲段等。坝底板采用双锚线布置，螺栓锚固。

3.4.3 中隔墙

中隔墙为蓄水河槽和浑水河槽的隔墙，根据工程总体布置，中隔墙蓄水区侧应尽量宽阔形成较大水面，同时浑水槽侧应满足 10 年一遇洪水（510m³/s）行洪要求。浑水槽宽度确定为 80m，中隔墙布置于河道内距左岸约 80m 处，与左岸堤防基本平行布置，中隔墙采用钢筋混凝土箱涵断面。

3.4.4 跌水堰

为了便于蓄水区衔接，在蓄水区末端布置部分跌水堰，为确保泄洪安全，每座跌水堰底高程均采用堰址处的河床平均高程，堰高均为 0.5m。跌水堰采用宽顶堰型，堰基础设防冲齿墙。

3.4.5 充排水泵站

本工程采用充水枕式橡胶坝挡水，橡胶坝立坝或者塌坝采用泵站控制，共布置泵站 4 座，站址均选择在蓄水区河道右岸堤防外侧。北大河河道纵坡陡，汛期洪水水流速度大，本工程区上游也没有调蓄滞洪水库，距离工程区 40km 的冰沟水文站洪水演进到工程区的历时仅 3.7h 左右，泵站运行选用水泵强制抽排，利用水泵将坝袋水短时间内排空，要求塌坝泄空时间不大于 1.0h。

3.4.6 蓄水区亲水景观设计

根据河道在城市中所处的位置及不同的作用，在河道右侧布置点状亲水平台及带状亲水平台，供游人休闲，结合蓄水区布置的 12 座跌水堰，规划在宽顶堰的基本型式下，对跌水堰的外观进行景观美化设计，分别采用造型别致、形式各异、不同的外观饰材等手法，不但美化了环境，同时可让游人漫步水中、嬉戏。通过这次规划治理，使北大河形成亲水景观，游人与水亲密接触，使人们的生活环境得到根本改善，同时体现人与自然、人与社会的和谐相处。

泵站效果图

工程建成后实景

4 创新与总结
CHUANGXIN YU ZONGJIE ....●

　　本工程继续沿用了天水、敦煌、嘉峪关等项目的清洪分治治理理念，以及橡胶坝与跌水堰间隔布置技术，在此基础上，本项目独具创新之处在于水源设计。

　　在蓄水区蓄水与补水方式上，本工程区别于其他工程，设计采用蓄洪补水水库与河道径流相结合的补水方式。规划在河道右岸修建蓄洪生态补水水库，对该工程进行补水，蓄洪水库总库容 350 万 m³，本工程一次蓄满水需水量约 110 万 m³，设计从水库引水自流进入北大河蓄水景观区，可以满足工程补水要求。

　　设计巧妙地利用蓄洪生态水库，蓄积灌区弃水和洪水，然后自流引入河道生态蓄水区，不仅使洪水得到很好的利用，而且形成"灌区弃水＋洪水→蓄洪水库→城市河道蓄水景观区→河道下游"的水系综合利用体系。水源规划理念值得借鉴。

甘肃省讨赖河嘉峪关
市区段生态环境
治理工程

1 工程基本情况

GONGCHENG JIBEN QINGKUANG ....●

1.1 城市自然地理

嘉峪关位于河西走廊中部，地处古"丝绸之路"的交通要冲，明代万里长城的西端起点。在这里丝路文化和长城文化融为一体、交相辉映，素有"河西重镇""边陲锁钥"之称，是我国东部、中部地区通往新疆的门户、通往中亚欧洲的咽喉，总面积2935km²。

嘉峪关市因嘉峪关而得名，嘉峪关是抵御外侵保家卫国的标志，是中华民族不屈性格的象征，承载着厚重的历史文化。嘉峪关是一座工业旅游城市，以"天下第一雄关"举世闻名，也是西北最大的钢铁生产基地。境内地势平坦，中西部多为戈壁荒漠，是市区和工业企业所在地；东南、东北为绿洲，是农业区。2010年，嘉峪关市生产总值（GDP）180亿元，总人口30万人。

1.2 河流自然条件

讨赖河属黑河一级支流，发源于讨赖河南山北麓，上游叫讨赖河，中下游叫北大河，于嘉峪关出峪，逐渐消失于戈壁沙漠，以暗流潜入黑河，为典型内陆河，河道全长370km。流域地势东南高，北东低，成弓背状，上游山地终年积雪，冰川发育是河流径流的主要补给来源之一，河流出山后地势平坦进入嘉峪关和酒泉盆地。戈壁平原地带分布有讨赖灌区、金塔灌区绿洲，海拔在1450～1700km之间。流域上游山地植被较好，牧草繁茂，有天然林分布，水流相对较清，中下游植被差，水土流失较严重。

讨赖河流域深居内陆腹地，多年平均降水量仅85.9mm，年蒸发量2112.3mm，年日照数2012.2h，具有明显大陆性气候特征，气候属温带及暖温带干旱气候区。总的气候特点：气候干燥、降雨稀少、蒸发强烈，日照时间长，冬季寒冷，夏季炎热，昼夜温差大，多风沙。

嘉峪关市位于讨赖河中段，多年平均径流量5.172亿m³，市区上游河道修建有讨赖河灌溉渠首工程，渠首控制灌溉面积386.7km²（58万亩），径流基本被截断用于两岸绿洲农业灌溉，讨赖河进入城区河段基本干涸。

讨赖河洪水以夏汛为主，秋汛次之，并有短暂的春汛。嘉峪关市50年一遇设计洪峰流量848m³/s，5年一遇设计洪峰流量217m³/s。

讨赖河泥沙主要来源于上游，据冰沟站1957—2008年共52年资料统计，多年平均悬移质输沙量71.5万t，多年平均输沙模数103.9t/km²，汛期6—9月占年输沙量96.07%，4—5月占年输沙量2.04%，10月至次年3月占1.90%。每年1—5月河水清澈，断面平均含沙量小于0.37kg/m³，6—9月洪水期悬移质增多，断面平均含沙量2.5～10kg/m³，9月底河水悬移质逐渐减少。城区河段多年平均悬移质推移质年输沙量95.8万t。

治理前状况

治理段河槽较发育，原河槽宽在 250 ~ 3000m 之间，水流分散，弯道较少，为顺直微弯型河道。修建堤防后，河道宽度约 210m，河道平均比降 10.85‰，此河段河道多年来年际之间冲淤基本平衡，纵断面变化较小，纵向稳定性较好。

1.3 城市生态环境问题

讨赖河横穿嘉峪关市境内，经过多年的改造建设，虽然防洪安全基本解决，但随着流域人类活动频次的加大和气候条件的变化，特别是渠首工程的运行，大量河水由南北干渠引入灌区灌溉而不流经河道，使渠首以下的大部分河道经常无水，滩面裸露，作为嘉峪关人民的母亲河，却不再有碧波荡漾的河水。河道生态环境每况愈下，干涸的河道与正在建设的新城区城市风貌极不协调。

1.4 工程建设的必要性

（1）改善新区河道现状。讨赖河是嘉峪关市及下游人民生产生活及生态植被的重要水利命脉，是嘉峪关市人民的母亲河，理应成为嘉峪关的形象河。随着人们生活水平的提高，在讨赖河防洪、抗旱有了安全保障之后，人们更关注讨赖河的水环境、水生态、水景观带给人们的精神需求以及对城市发展的承载问题。随着新城区的开发建设，如何拯救嘉峪关的母亲河，同步改善市区河段水生态环境，重现她的勃勃生机，已成当务之急。

（2）改善城市生态环境。讨赖河城区段生态环境治理工程，位于嘉峪关市西南侧南市区的嘉文公路桥下游至安远沟村约 6.5km 的河段，是嘉峪关南市区景观规划中的重点工程，在保障城市防洪安全的前提下，通过对市区段新文大桥上下游段河道进行全面的综合整治，形成碧水绿地。工程的实施对维系城市水体，提高城市人居环境质量和品位，具有十分重要的现实意义。

嘉峪关市特别是新城南市区，缺少水和绿色两大生命元素，通过本工程的建设，可弥补城市的生态缺陷，进一步改善城市的小气候，增加市民与水的亲和性，使人和自然的关系更加和谐，同时为市民营造一个修身养性的最佳人居环境，建成"两岸翠绿，碧水中流"的新城区。

（3）促进社会经济发展。嘉峪关旅游资源非常丰富，近年来努力实施"加强旅游基础设施建设和景区开发、培养旅游精品路线和精品景点、实行全民旅游全民办"的旅游发展三大战略，市政府力争把嘉峪关市发展成为国际旅游明星城市。要实现这一目标，如何创造一个良好的城市环境，对实施这一战略极为重要。如果没有一个好的外部环境，发展旅游、吸引外资、引进开发、建设开放型多功能的城市是难以实现的。本工程的建设能净化、绿化、美化、亮化城市环境，为城市经济的发展提供基础性支持；同时工程的实施可拉动城市旅游业的发展，加快两岸及周边房地产业建设，以此加强其他行业的互动性，实现社会经济的可持续发展。

2 设计理念与目标
SHEJI LINIAN YU MUBIAO

2.1 设计理念

设计理念包括：①人水和谐的治水理念；②以防洪安全为前提，结合周边环境，进行清洪分治；③水体动静结合，既有碧波荡漾的蓄水面，又有潺潺流动的跌水；④堤防工程生态性、亲水性设计；⑤生态蓄水与地域文化相融合。

2.2 设计目标

通过河道水生态治理，在嘉峪关市区营造出优美的城市河流水生态，构建水、园林、路、桥为一体的优美景区，形成嘉峪关市一道靓丽的风景线，把嘉峪关市区河段建成集水利、旅游等多功能为一体的环境优美、风景秀丽、地方特色和历史文化特色鲜明的园林化景区，同时确保市区防洪标准50年一遇。

在保障河道原有功能、保障防洪安全的前提下，对市区段讨赖河进行综合整治，利用部分河道蓄起一片水面，造就一处景观，为城市绿化、美化、亮化构筑平台，恢复河道生态功能，体现人和自然的亲和性。

3 工程规划设计
GONGCHENG GUIHUA SHEJI ································●

3.1 水源规划

本工程建于干旱地区，需充分考虑节约用水。为减小本工程对灌区的影响，规划水源采用上游灌溉渠首下泄的河水，汛期水源及备用水源利用右岸的双泉水库的泉水引水入河。

3.2 水生态工程总体规划

本着既要改善市区河段水生态环境，形成生态蓄水区，又要充分节约水资源的治理原则，设计采用清洪分治理念，将治理段河道划分为蓄水区及行洪区两部分，用中隔墙将蓄水河道一分为二，形成复式河槽，左侧为蓄水河槽，在宽度约 150m 的带状区域建设蓄水湖区，右侧为浑水槽，宽度约 60m，设计将上游下泄的洪水泥沙与蓄水区分开，自浑水槽通过，蓄水槽为生态蓄水区。浑水槽设防标准为 5 年一遇，相应设计流量 217m³/s，当上游下泄水量低于 5 年一遇洪水时，蓄水区均可正常运行，不受河道泄洪、排沙的影响；当上游下泄水量超过 5 年一遇洪水时，蓄水区塌坝泄空，全河道过洪，确保城市防洪安全。

针对河道平均比降达 10.85‰，治理难度大的特点，规划在蓄水河槽内首次大范围采用充水枕式彩色橡胶坝与跌水堰间隔布置方案，形成基本连续的蓄水梯级湖区，深水、浅水相间布置，按水深情况划分为浅水嬉戏区、深水划船区等不同功能区，蓄水区进口规划为 1.0km 生态湿地区。在 6.4km 治理河段共布设 9 座橡胶坝、19 座跌水堰，共形成 9 级基本连续的蓄水湖区，水深 0 ~ 3.0m，宽 150m，生态蓄水区总长 5.1km，湖区面积为 76.5 万 m²（1147 亩），一次蓄水量为 62 万 m³。

在形成生态蓄水区的基础上，对蓄水区一侧的混凝土堤防护坡进行生态性、亲水性改造，将临水边坡放缓至 1：3，覆土植草，并设置 6m 宽亲水平台，沿 5.1km 生态蓄水边线全线贯通。同时在右侧泄洪槽上架空规划景观楼——夜光楼，与宽阔的水面和拱形桥梁交相辉映。

同时，工程区规划灯光亮化工程，橡胶坝、跌水堰、跨河桥梁等布置各色灯带，亲水平台、堤岸等布置造型各异的艺术彩灯，深水区规划大型音乐喷泉等光彩设施。

总体构建河流蓄水景观为主体，生态绿草相融合，楼阁、桥梁、灯光、喷泉于一体的讨赖河风情线。

3.3 建筑景观设计

重点对堤防生态护坡进行花草配置，亲水平台材质采用木栈道铺装等；深水区设置观景平台和码头，平台采用不同花纹的木质铺装；跌水堰采用不同造型和材质，形成形态各异的跌水景观；堤岸布设酒

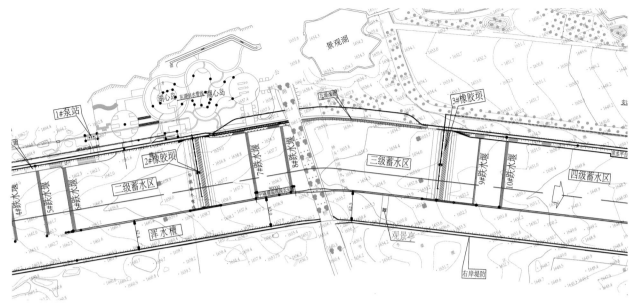

工程布置图

河道横断面设计图

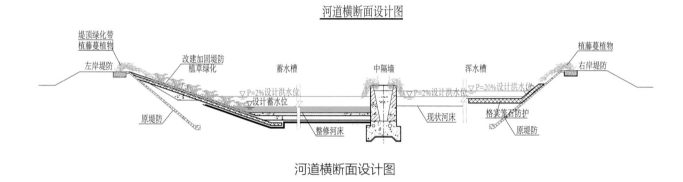

河道横断面设计图

吧文化长廊，具水街风情；左岸堤顶布设的橡胶坝控制泵站，建筑外观按金木水火土定位，点缀在堤岸的绿地景观带中。

4 水生态效果
SHUISHENGTAI XIAOGUO ....●

　　陕西院 2009 年承担该项目勘测设计任务，2010 年年底一期工程建成蓄水，至 2014 年基本建成。波光粼粼的湖面，潺潺流动的跌水，湛蓝的湖水，清澈见底的卵石，嫩绿的水草……自然风光亲切怡人，雄伟的夜光楼，奇光异彩的音乐喷泉，浪漫的酒吧，风情的水街……人文景光令人流连忘返，改造后讨赖河城区段带给这座钢铁之城强烈的震撼，与工程治理前干涸的戈壁河床形成强烈的反差。每到夏季傍晚，数以万人留恋于此，感受生命之水对于戈壁滩人的丝润。目前，沿河两岸已建成城市新区，并以此工程区为基础打造出讨赖河生态园区。

治理后实景（一）

治理后实景（二）

治理后实景（三）

5 创新与总结
CHUANGXIN YU ZONGJIE ....

（1）技术创新。工程首次大范围采用橡胶坝与跌水堰间隔布置技术，解决大比降河道蓄水问题。

采用清洪分治的治理思路，解决了低标准洪水泥沙与蓄水的矛盾，泄洪槽5年一遇洪水安全泄洪，使水生态蓄水景观免受5年一遇洪水破坏。同时工程采用充水枕式橡胶坝，让蓄水与防洪、排沙完美结合。对强透水性卵石河床采用复合土工膜水平铺盖防渗技术，很好地解决了蓄水区渗漏问题。很好地体现了工程生态性、亲水性设计理念。

（2）工程总结。本工程是对多泥沙、大比降、强透水性河道进行生态蓄水景观治理的首次尝试，成为西北干旱地区城市河流治理的典范工程。2012年12月获陕西省第十六次优秀工程设计二等奖，并荣获第一届全国水土保持与生态景观设计大赛优秀奖。代表了西北干旱荒漠区城市径流河道治理的技术发展方向。

甘肃省敦煌市党河
城区段生态环境及
防洪综合治理工程

第 1 部分　一期党河风情线治理工程（2006 年）

1 工程基本情况
GONGCHENG JIBEN QINGKUANG ....●

1.1 流域自然条件

中国历史文化名城——敦煌市，距今已有 2000 多年历史，位于甘肃省河西走廊最西端，南有祁连山，北有马鬃山，东、西两面为戈壁沙漠，平均海拔 1138m，形成了南北高，中间低，自西向东北倾斜的盆地平原地势。党河冲积扇带和疏勒河冲积平原，构成了敦煌这片内陆平原。一望无际的沙漠和大片绿洲，形成了独特的自然风貌，绿洲区似一把扇子自西南向东北展开。敦煌市全市总面积 31165.63km²，其中绿洲面积 1400km²，仅占总面积的 4.48%，且被沙漠戈壁包围，故有"戈壁绿洲"之称。

党河属疏勒河系内陆河流，是敦煌市境内唯一可利用的地表水源，发源于祁连山西区的党河南山冰山群，在党河口党河水库以上流域面积为 1.7 万 km²，止于西千佛洞，全长 390km，敦煌境内长 70km。径流补给源为冰川融水、地下水及降水，其中冰川融水占 39.8%，多年平均径流量 3.02 亿 m³。上游山区是径流形成区，中下游是径流消耗区。

党河自南向北穿越敦煌市市区，敦煌市防洪标准为 50 年一遇，距离市区 34km 的上游党河口修建有党河水库，经党河水库调蓄削峰后，市区 50 年一遇设计洪水为 86m³/s，多年平均输沙量为 167.3 万 t。

敦煌市深居内陆，多年平均降水量仅为 39.9mm，多年平均蒸发量 2486mm，干旱少雨，季风强烈，属大陆性干旱气候。党河为季节性河流，具有多泥沙、洪枯水量变化大等特点。

1.2 工程现状及存在问题

党河历史悠久，隋唐时期称"都河"，明朝时期称"玉女河"。但敦煌地区自然环境差，水资源十分匮乏。敦煌绿洲由党河滋补，党河是敦煌重要的水利命脉，是敦煌人民的母亲河，理应成为敦煌的形象河。然而，自 1970 年党河上游修建党河水库以来，党河径流主要用于灌溉 40 万亩党河绿洲灌区，使得包括党河城市段在内的水库下游河道基本断流，仅在水库每年的排沙期 8 月 25 日至 9 月 24 日方有水，但水量小沙量大，大量的泥沙淤积在河道。党河城区河段干涸无水、细砂河床尘土飞扬，垃圾、污水随处可见，

治理前状况

已成为城市藏污纳垢之所,党河失去了"玉女湖"的风采,城市失去了傍水而居的基础,水环境日益恶化,严重影响敦煌市的生态环境和整体形象,与国家级旅游城市形象极不相称,重现"玉女湖",改善党河城区河段水生态环境刻不容缓。

2 设计理念与目标

SHEJI LINIAN YU MUBIAO ....

2.1 设计理念

基于党河水资源短缺,城市河道干涸无水,灌区渠系环绕敦煌城区的城市格局,治理工程的设计理念如下:

（1）以城市防洪安全为前提,保持党河泄洪排沙基本功能,采用清洪分治理念恢复水生态。

（2）以水生态修复为重点,实现党河水库、灌区渠系水、城区河道生态蓄水水系一体化循环利用理念。

（3）赋予城市河流安全性、亲水性、生态性、景观性、地域文化性等城市综合服务功能,营造城市河流水生态廊道。

2.2 设计目标

党河自南向北穿越敦煌市城区，3.4km 城区河段生态环境治理工程在保障防洪安全的前提下，修建橡胶坝等建筑物蓄起一片水面，改善城市水生态环境，旨在重现"水清、岸绿、景美"的河流水生态，重现"玉女湖"风采，构建人、水、自然和谐相处的人居环境。

3 工程规划设计
GONGCHENG GUIHUA SHEJI ....●

3.1 水系规划

为节约水资源，减小本工程对党河灌区的影响，规划水源自总干渠设闸引水入河，在 3.4km 河道内形成生态蓄水景观后，自末级蓄水区设闸退水，再回归至下游灌区渠道，继续用于灌溉，规划引水渠道长约 4.4km，设计流量 4.0m³/s。

3.2 水生态工程总体设计

工程治理河段全长 3.4km，现状河宽 97 ～ 380m，河道平均比降 3.36‰。设计采用清洪分治（二槽）总体方案，将城区河段划分为蓄水槽和浑水槽，将上游水库下泄的洪水泥沙与蓄水区分开，自浑水槽通过，右侧蓄水槽为生态蓄水区，水源自总干渠引水入河，形成蓄水区后再回归至下游灌区渠道。规划左侧浑水槽设防标准为 50 年一遇，上游水库下泄洪水低于 50 年一遇时，洪水泥沙均从左侧浑水槽下泄，右侧生态蓄水区可正常运行，不受水库每年的泄洪排沙影响；当上游水库下泄水量超过 50 年一遇洪水时，蓄水区方塌坝泄空，全河道过洪，以确保城市防洪安全。

由于左侧浑水槽可安全下泄敦煌市设防标准 50 年一遇洪水 86m³/s，城区河道 97 ～ 380m 宽度具备合理压缩的条件。因此，在满足敦煌市防洪安全的前提下，结合保护河道两侧的林带，将城区河道合理压缩，除规划浑水槽和生态蓄水区两大主体之外，在河道两侧压缩 10 ～ 32m 宽度范围规划带状生态绿地景观带，蓄水区与绿地之间布设子堤，兼起亲水平台之用。

河道自左至右分别规划为：左岸堤防与浑水槽之间的带状生态绿地→浑水槽→生态蓄水区（宽 97 ～ 180m）→亲水子堤与右岸堤防之间的带状生态绿地（宽 10 ～ 32m）。

规划在距右岸堤脚 10 ～ 32m 处布设亲水子堤，全长 2.58km。亲水子堤的布置，一是保护右岸堤脚的林带，在河堤与子堤之间形成一道宽约 10 ～ 32m 的绿化带；二是为市民提供近距离亲水的平台。

为解决浑水槽平时无水下泄影响景观视觉效果的问题，设计自浑水槽左侧沿线种植葡萄树，浑水槽顶间隔 2m 搭设葡萄架，将浑水槽点缀为一条葡萄沟，并间隔性封闭为亲水平台，与景观协调统一。

对于右侧蓄水区河道，首次采用橡胶坝与跌水堰间隔布置方案，共布设 3 座橡胶坝、3 座跌水堰、1 座临时堆沙坝，形成 3.14km 生态蓄水区，并划分为六大功能区，自上而下分别为：进口生态湿地区、蓄水区、水中漫步区、划船区、水中漫步区和垂钓区。整个生态蓄水区全长 3.14km，蓄水面宽 97 ~ 180m，水深 0 ~ 2.7m，蓄水面积 36 万 m^2（约 525 亩），蓄水量 32 万 m^3，新增绿地面积包括左岸 85 亩和右岸 35 亩，合计 120 亩，为敦煌市区构建起城市河流生态景观带，弥补了敦煌市缺少水体和绿色的空白，极大地提高党河对敦煌市城市发展的承载力。

同时，工程区规划灯光亮化工程，橡胶坝、跌水堰、浅水区汀步和凉亭等布置各色灯带，亲水平台、堤岸等布置造型各异的艺术彩灯，深水区规划大型音乐喷泉等光彩设施。

党河蓄水景观区定名为"玉女湖"，形成优美的党河风情线。

3.3 建筑景观设计

通过工程总体布置，城区河段右侧河道修建橡胶坝与跌水堰拦蓄水体，形成宽 97 ~ 180m 生态蓄水区，本身已是一处优美的水生态景观区。在此基础上，着重对 3 级浅水区、两侧带状绿地区以及浑水槽进行景观设计。

浅水区内布设形态各异的汀步、凉亭、各色灯带，并试验种植荷花等水生植物，实现市民下河嬉水功能，同时形成优美的水景观效果和灯光视觉效果。

河道两侧带状绿地区，既注重植物绿化，同时充分利用园林小品，沿历史的长河展现敦煌的古老文明和现代化发展前景，布设一些如丝绸之路、飞天、大漠风情等主题鲜明的敦煌文化浓缩景观，以及手模、砖雕等文化艺术墙，并沿亲水步道石栏篆刻诗经、唐诗三百首等历史文化，达到现代与历史的和谐统一，使人们既游览了水景，同时也领略了敦煌厚重的历史文化和现代化风貌。

浑水槽 3.12km 沿线进行间隔性封闭，形成左岸亲水平台，使市民近距离亲水；同时结合城市布局，在浑水槽顶部合适位置架设仿古楼台，丰富蓄水景观区功能，力求突出生态、水景、人文景观、休闲娱乐等，与景观水体交相辉映，构建富有敦煌特色的党河风情线。

4 水生态效果
SHUISHENGTAI XIAOGUO ....•

陕西院 2006 年 4 月承担该项目勘测设计任务，2007 年年底建成蓄水，至今安全运行近 10 年。水生态效果显著，主要体现在如下：

（1）优美的水生态营造出靓丽的敦煌市党河风情线，给敦煌带来强大的震撼，2011 年被评为"国家级水利风景区"，成为敦煌市一张水生态名片，并在 2015 年中国水博会上精彩亮相，专题展出。

橡胶坝实景

蓄水区实景

蓄水区生长的一片荷花

浅水区行人漫步

可见远处鸣沙山

在亲水平台小憩

橡胶坝溢流

蓄水区景观

夜景

龙舟比赛

岸边

蓄水区景观

公园

河道整体景观效果图

（2）水体工程是城市河段综合治理景观效果的灵魂。"有水，城市就有了灵性"。作为西部内陆城市，敦煌市与其他西部干旱城市一样，缺少一片活水来扮靓、滋润城市，而通过本次工程设计治理，3.14km长的蓄水水面使城区的环境得到极大改善，完善了城市功能，丰富了城市内涵，提升了城市品位，改善了城市人居环境和生态环境，有力促进社会经济的可持续发展。

（3）水利工程与敦煌历史文化相融合，突显人文特色。作为城市水利工程，为体现敦煌市的人文历史，设计规划在蓄水区两岸布置滨河生态公园，充分展现敦煌市的人文历史景观，使游人在亲水的同时充分感受历史文化和地域文化的魅力。

（4）党河风情线起到了良好的示范作用，借助于新丝绸之路经济带建设，目前我院正在进行敦煌市党河城市段二期水生态环境治理和市区水系生态综合治理工程设计。

5 创新与总结
CHUANGXIN YU ZONGJIE....................................●

5.1 技术创新

（1）针对党河水文特性和自然条件，利用党河灌区总干渠引水入河形成蓄水区，再将水体自流回归灌区继续用于灌溉这一设计创新思路，实现了党河水库、灌区用水和河道生态蓄水水系一体化循环利用。设计创新地解决了水资源极度匮乏地区城市生态蓄水工程水资源问题。

（2）清洪分治理念解决设防标准洪水安全泄洪，水生态蓄水景观免受 50 年一遇洪水破坏。敦煌市区防洪标准为 50 年一遇。经工程区上游党河水库调蓄削峰后并考虑沿程洪水衰减，市区段 50 年一遇设计洪水为 86m³/s。而规划河道左侧布设钢筋混凝土矩形浑水槽，宽 10m，由于糙率的大幅度减小，仅靠浑水槽就可安全下泄 50 年一遇设计洪水 86m³/s。蓄水河槽可在低于 50 年一遇设计洪水下，按蓄清水功能安全运行；特大洪水时，蓄水河槽橡胶坝及时塌坝，蓄水河槽与泄洪槽共同泄洪，达到畅泄特大洪水的目的。

（3）首次采用橡胶坝与跌水堰间隔布置方案，实现生态性、亲水性。3 座橡胶坝坝高 2 ~ 2.7m，形成 3 级碧波荡漾的深水区；3 座跌水堰堰高 50cm，形成 3 级 0 ~ 0.5m 的浅水区。深水区、浅水区相间布置，不仅生态效果好，且丰富了蓄水景观功能；不仅满足了市民亲水需求，更进一步实现了市民下河嬉水的愿景。

（4）采用充水枕式橡胶坝，让蓄水与防洪、排沙完美结合。工程设计既要实现河道城区段蓄起一片清水，又要兼顾城区防洪安全、河道泄洪排沙等主要矛盾，因此永久性的各种常规拦蓄水建筑物难以满足综合要求；而采用充水枕式橡胶坝，配以及时塌坝强制充排水动力系统就可完美解决该问题。

1）蓄水段河道遭遇超标泄洪时，通过预警机制提前在短时间内通过动力抽排系统塌空坝袋，不影响河道泄洪功能，这样就解决了城区防洪安全问题。

2）蓄水期间河床难免有泥沙淤积，若采用普通永久性挡水建筑物，蓄水区无法排沙，但采用橡胶坝在坝袋坍塌后，坝底板基本与河床同高，利用橡胶坝快速塌坝的携沙能力，泥沙可被洪水冲走。

5.2 关键技术

（1）采用党河水库、灌区用水和河道生态蓄水水系一体化循环利用创新技术，既充分节约了水资源，又使市区河道形成优美的水生态景观，同时尽量降低了工程对党河灌区用水的影响。

（2）充分利用上游党河水库削峰滞洪作用使得市区 50 年一遇设防标准洪水仅为 86m³/s 的特点，对工程区河道创新地采用清洪分治两槽治理方案这一设计理念，很好地解决了设防标准下的洪水泥沙与蓄水的矛盾问题；而且将左侧 10m 宽的浑水槽在满足泄洪排沙功能的前提下，外观上点缀为一条葡萄沟。

（3）柔性充水枕式彩色橡胶坝技术。橡胶坝的材质采用柔性胶布，坝袋抗震性能好，结构简单，单跨长度可达到 150m，使用寿命一般为 20 年。橡胶坝具有塌坝后坝袋紧贴河床底板、不碍洪、外形轻巧美观、投资适中，坝袋色彩鲜艳，与城市风貌相协调的特点，而被广泛应用于城市水利、灌溉、枢纽等水工程中。

（4）蓄水库区防渗技术。蓄水区河段位于城市中心，地下水埋深达 20m 左右，河床为深厚细砂层，具中强透水性，设计采用复合土工膜水平铺盖技术，有效解决了蓄水区河床强渗漏问题。

5.3 设计综合比较

目前国内对橡胶坝的应用很广，多以南方多水城市河道为主，工程技术、坝袋工艺、管理措施等均已趋于成熟。该工程利用市区 50 年一遇设防标准洪水通过左侧浑水槽即可安全下泄这一有利条件，对右侧蓄水区河道首次创新采用了橡胶坝与跌水间隔布置方案，不仅减少了壅水坝数量，而且丰富了蓄水景观区的功能分区，形成了深水与浅水交替布置的特点。这一设计理念在该项目成功应用后，被借鉴于西北地区其他城市河流治理项目。工程的顺利蓄水运行，为以后同类型工程的设计、施工、运行调度积累了很多宝贵经验。

第2部分　党河二期水系生态治理（2015年）

6 项目基本情况
XIANGMU JIBEN QINGKUANG ....●

　　党河是敦煌的生命河，形象河，她不仅为城市工农业发展和生活提供了较为充沛的水资源，而且孕育了深厚的历史文化。处于干旱地区和水资源匮乏的敦煌人民渴望水和绿色。一期党河风情线的建设使敦煌市有了水和绿色，城市更加秀美，此水生态修复工程成为敦煌市水生态文明建设的示范工程。党的十八大以来，国家大力提倡生态文明建设。随着丝绸之路经济带建设和新一轮敦煌城市总体规划，打造"文化圣殿，人类敦煌"国际文化旅游名城和城乡融合发展的绿洲型田园城市发展目标，亟须对党

敦煌党河二期工程鸟瞰效果图

河城市段进行水生态环境全面修复治理，构建敦煌市"一河百塘，三溪五湖"的整体水系格局，重塑现代丝绸之路枢纽。

为此，2015年我院开始对党河风情线进行二期续扩建工程勘测设计工作，目前已完成可研阶段设计。二期治理范围：以2008年建成的党河风情线水利风景区为基础，继续向上向下河段延伸，二期共治理党河河道长6.07km，其中上延段长3.74km，至S314大桥以上900m处，与月牙泉恢复补水工程衔接；下延段长2.33km，至G215大桥以下550m。

7 设计理念与目标
SHEJI LINIAN YU MUBIAO ....●

7.1 设计理念

设计理念包括：①党河水库、灌区渠系水、河道生态蓄水水系连通理念；②清洪分治理念；③生态水利理念；④都市水利工程理念；⑤安全、生态、亲水、文化、魅力。

7.2 设计目标

在确保市区防洪安全的基础上，营造优美的城市河流水生态，全面改善城市河道水生态环境，构建《敦煌城市总体规划》中提出的"一河百塘，三溪五湖"的整体水系格局，将敦煌市建成"河、湖、溪、园"水系相通，生态环境优美、历史文化特色鲜明的生态型园林城市，打造"居家伴碧水，举目望沙山"的宜居品质，市区防洪标准达到50年一遇。

8 工程规划设计
GONGCHENG GUIHUA SHEJI ....●

8.1 总体治理思路

党河水生态治理的功能定位首要是防洪，以防洪治理为基础，进行水生态修复建设。党河治理工程包括两大部分：①防洪达标治理；②河道内生态蓄水治理。河道水生态治理包含3部分内容：①引水水源部分；②市区河道水生态治理部分；③蓄水区水体退水回归灌区再利用部分。

8.2 防洪治理设计

治理河道以最小堤距 120m 为控制，对左、右岸堤防进行新建和改建设计，堤防工程采用生态性、亲水性堤防设计，融入亲水驳岸理念，形成"无堤防"的生态视觉效果；堤防和城市道路采用堤路结合布置，确保两岸防汛通道畅通，同时兼顾城市道路交通，防洪标准为 50 年一遇。

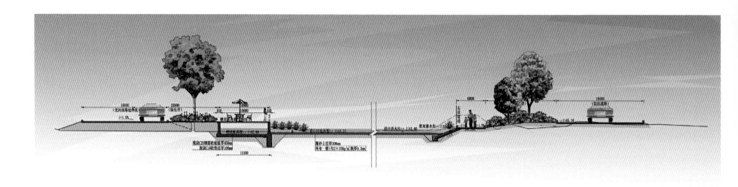

敦煌党河二期河道断面图

敦煌党河二期上延段总体布置图

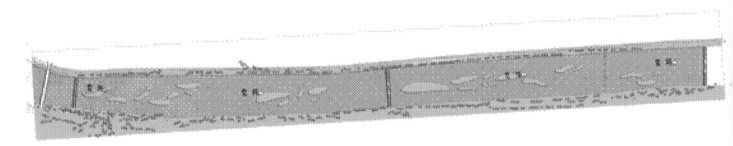

敦煌党河二期下延段总体布置图

8.3 水系连通设计

规划自党河水库灌区总干渠引水入河，新建取水口选择在总干渠上的怀县渠分水口上游侧，于总干渠左侧设一座侧向进水闸取水，于上延段进口前堆沙坝进入河道生态治理区，新建总干引水渠全长约 1.6km，设计引水流量 2.0m³/s。

自灌区总干渠引水入河，修复河道水生态，形成河道水生态治理区后，水体自下延段末端设闸退水回归灌区再利用。规划利用原北干回水渠，自流退水回至北干渠，继续用于灌溉。北干回水渠总长 2.3km，设计退水流量 2.0m³/s。

8.4 水生态工程规划设计

继续采用已成党河风情线的"清洪分治"二槽总体布局，本次全面融入生态设计。规划将河道一分为二，左侧泄洪排沙，为浑水槽，宽 10m，外观进行生态绿色设计；右侧蓄水，为生态蓄水区，采用橡胶坝与跌水堰间隔布置形式，融入湿地设计理念，形成蓄水区、浅水区、湿地区间隔布置的总体效果和丰富的水生态修复功能。

上延段总体水生态治理为：进口湿地沉沙区→1级深水区→浅水区→生态湿地→2级深水区→生态湿地→接一期风情线；下延段总体为：一级深水区→浅水区→生态湿地→2级深水区。

二期治理工程上、下延段新建左侧浑水槽总长 5.54km，矩形槽宽 10m；右侧蓄水区共计布置 1 座进口堆沙坝、4 座橡胶坝、11 座跌水堰，共形成生态蓄水区总长 3.87km，蓄水面积 51.6 万 m²（约 774 亩），蓄水量 56 万 m³；形成生态湿地区长度 1.90km，湿地面积 26.4 万 m²（约 396 亩）；新增绿地面积 412 亩。

8.5 文化景观性设计

（1）在沿河亲水平台、亲水广场的造型、喷泉选型、景观绿化带中的节点小品、雕塑、灯饰等景观设计中，融入敦煌文化元素。

（2）打造 S314 大桥桥头滨水广场，具有敦煌特色的标志性建筑。

（3）城市交通和观景相结合的跨河廊桥建筑，融拦河蓄水、文化元素和建筑艺术于一体，营造"平湖秋月"之美景。

敦煌党河二期湿地景观效果图

敦煌党河二期浅水区效果图

敦煌党河二期桥头广场效果图

广州市黄埔区深涌综合
整治工程

1 工程基本情况

GONGCHENG JIBEN QINGKUANG ....•

1.1 地理位置

广州市黄埔区深涌综合整治工程位于广州市黄埔区珠江前航道北岸，包括深涌主涌左岸、左支涌左岸、南支涌、北支涌整治工程，以及南支分涌到九沙港打通段。其中深涌主涌与左支涌为天河区和黄埔区的分界涌，南支涌和北支涌为左支涌下游左岸的两条支流，位于黄埔区境内。

1.2 社会经济状况

广州市是广东省政治、经济、文化中心，是华南地区最大的商业、金融中心和科技、文化、教育中心，是我国主要对外贸易基地和国际性旅游城市，也是我国 25 个重点防洪城市之一，广州市属特大型城市，城市等别为一等。

黄埔区是广州市八大行政区之一，邻近广州市中心区，是华南第一大港黄埔港的所在地。得天独厚的地理环境使黄埔地区成为广州市最重要的工业生产基地。自 1980 年建区以来，经济发展速度非常快，综合实力不断增强，黄埔地区的工业生产总值占广州市工业生产总值的 1/4，是商家投资设厂的首选地区之一。

1.3 流域自然条件

深涌流域面积 $16.7km^2$，主要由左支涌、右支涌、右支 I 涌、右支 III 涌和中支涌等主要支涌共同组成。左、右支涌分别起源于天河长鹅头、钟岭，两支涌于黄埔大道汇合后，向南 650m 流入珠江前航道。

深涌流域面积 $16.7km^2$，设防标准出口洪峰流量 $158.3m^3/s$；左支涌设防标准出口洪峰流量 $89.9m^3/s$；南支涌流域面积 $1.03km^2$，设防标准出口洪峰流量 $10.9m^3/s$；北支涌流域面积 $1.49km^2$，设防标准出口洪峰流量 $15.2m^3/s$。

深涌及其支涌属于感潮河段，黄埔区 75% 保证率时，珠江年日最高潮位为 0.82m，枯水期日最高潮位为 0.75m。为了使河涌与珠江水体进行交换，维持河涌良好的水质，并考虑满足防洪排涝和亲水性要求，确定景观水位为 0.8m，与《广州市河涌整治规划》中建议的景观水位一致。

1.4 工程现状及存在问题

1.4.1 工程区河段现状

深涌集水面积 $16.7km^2$。从长鹅头、钟岭至鱼珠木材厂，左右支涌总长 15.41km，主涌长度 0.6km。现有河道宽度 3 ~ 15m，河底高程 -0.5 ~ 4.0m（珠基高程）堤顶高程 1.5 ~ 6.0m。深涌总涌及左右支涌的大部分河段已经整治，本项目整治河涌段为黄埔辖区内左支深涌左侧的两条支流——南支涌和北支涌。

南支涌起点在黄埔支线铁路，向西蜿蜒曲折沿途经过中山大道，流经广州市黄埔合富发展公司仓库、农田果园、石岗新村，然后，向西北流入深涌左支流。

南支涌整治段包括其左侧分涌段，该分涌段起点在黄埔大道，然后流向东北，经过一片农田果园后急转向西，在石岗新村处流入南支涌。南支涌大部分河段有砌石护坡或护墙，但质量差，高程低；南支涌分涌起端河道狭窄，一边楼房林立，一边为垃圾堆土；支涌入口段淤积严重、污水横流。

北支涌起点在广州机床研究所西南，穿越黄埔支线铁路和广深公路向南至广州市第一构件厂，折向西北汇入深涌左支涌。另外，北支涌整治段还包括其左侧分涌段，该分涌段起点在中山大道，然后流向西南，汇入北支涌。北支涌大部分河段有砌石护坡或护墙，但质量差，高程低；北支涌分涌起端河道狭窄，一边楼房林立，一边为厂区，淤积严重、污水横流。

1.4.2 存在主要问题

（1）排涝标准低。整治河段内现状河涌曲折蜿蜒，有多处急转弯，现状河涌宽度 2 ~ 30m，河床受倾倒垃圾等影响，淤积严重，过流能力大大减小，严重影响汛期排涝畅通，遇暴雨时，极易积涝成灾。

（2）防洪标准低。整治河段内两岸堤防参差不齐，护砌形式多样并且不完整，有土堤、浆砌石、干砌石等，防洪标准仅为 5 ~ 10 年一遇，随着两岸城市化进程的加快，其标准明显偏低。

（3）河涌水质环境日趋恶化。随着黄埔区经济的快速发展，建成区不断扩大，排向深涌污水量不断增加，这些污水未经处理，直接排入河涌，使河涌水质日趋恶化，已经超过河涌的自净能力，特别是在枯水季节，河涌水体为严重污染水体。即使在丰水期，氨氮和石油类物质的含量也远远高出正常值，化学耗氧量和生化需氧量也高出正常值数倍。水色多呈现浅黄、浅灰、浅棕、灰色甚至黑色并发出难闻的臭味。

1.5 工程建设必要性

（1）满足提高防洪排涝标准、符合河涌整治规划的要求。河道现状宽度仅能达到 5 ~ 10 年一遇的防洪排涝标准，达不到《广州市市区防洪（潮）规划报告》《广州市市区河涌整治规划》等报告中深涌防洪排涝标准。按 20 年一遇设防的要求，洪灾对深涌流域内的人民生命财产仍然存在严重威胁的局面。

治理前状况

（2）城市发展、改善投资环境的需要。黄埔区邻近广州市中心区，是华南第一大港黄埔港的所在地。得天独厚的地理环境使黄埔地区成为广州市最重要的工业生产基地。近年来，经济发展速度非常快，综合实力不断增强，黄埔地区的工业生产总值占广州市工业生产总值的四分之一，是商家投资设厂的首选地区之一。但其河道周围脏、乱、差的现状与城市发展极不协调。

（3）改善人居环境、提高生活品位的需要。随着经济的迅速发展，人民生活水平不断提高，对居住环境的改善是理所当然的，环境生态化是发展趋势。

综上所述，为了满足河涌整治规划要求、促进城市发展、完善城市功能、丰富城市内涵、改善投资环境，进行综合整治是十分必要的。

2 设计理念与目标
SHEJI LINIAN YU MUBIAO...................................●

2.1 设计理念

治理工程服从城市防洪规划及河涌整治规划、服从广州市城市规划局批准的征地红线的原则，根据防洪治涝、因地制宜、美化环境的综合整治原则，使水利工程设计与两岸环境景观浑然一体，堤线顺畅而不单调。减少拆迁，降低拆迁费用。

2.2 设计目标

本工程是以城市防洪为主，结合灌溉排涝、治污、环境美化、城市发展、生态保护等多种功能的综合整治工程。

根据广州市城市规划局及城市建设管理的要求，在堤岸整治中充分体现"以人为本"的特色，综合考虑绿化景观与堤岸相协调，体现岭南水乡美感，集防洪、排涝、美观与一体，力求将深涌两岸建成一个"天蓝、地绿、水清、人和"的生态型地区。

3 工程规划设计
GONGCHENG GUIHUA SHEJI.............................●

3.1 总体布置

整治工程总体布置是在满足河道行洪排涝能力、结合旧堤及两岸地形、兼顾美化环境、尽量不超出规

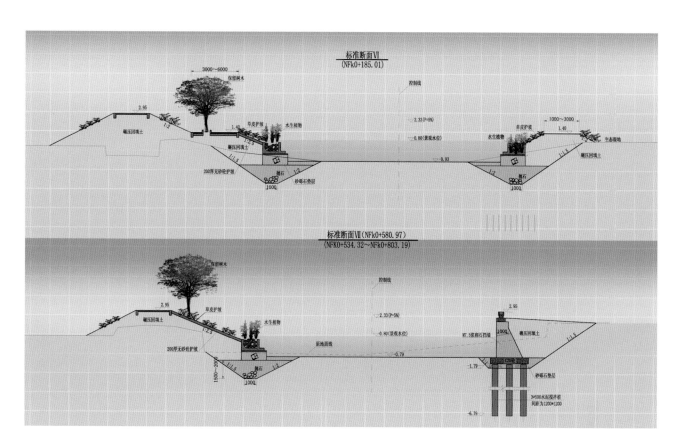

标准断面Ⅵ
(NFk0+185.01)

标准断面Ⅶ(NFk0+580.97)
(NFK0+534.32~NFk0+803.19)

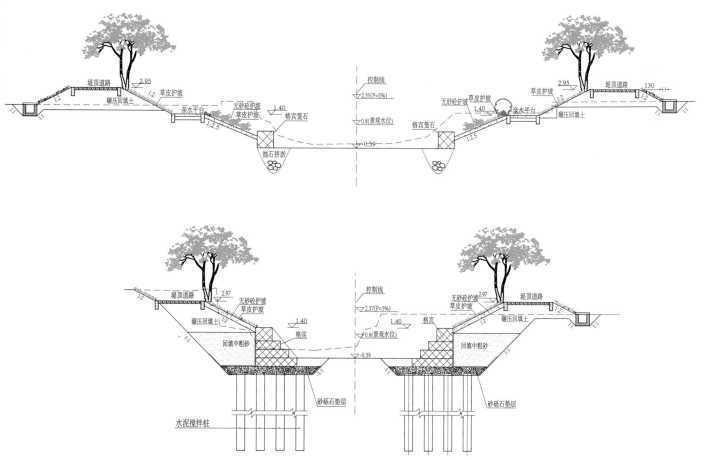

河道横断面设计图

划征地红线的前提下，除地铁改线段外，基本保持原河流态势，修整现状堤防，保证堤防平顺连接，以利行洪。同时，从工程的实用性出发，尽量少拆附近建筑物和附属物，尽量保留现有的观赏树木和经济树种。

3.2 水工设计

深涌综合整治工程防洪标准按 20 年一遇洪水设计，建筑物级别为 4 级。

堤防设计断面结合实际地形特点及周边环境，因地制宜进行合理确定。在河道、地势较为开阔、建筑物相对较少的地段采用两级斜坡式断面；在现状建筑物比较密集、且多为永久性的多层混凝土楼房堤段，从减少工程占地、降低拆迁难度和费用、工程顺利实施考虑，采用直墙式断面；其余堤段采用直斜结合的复式断面或一级斜坡断面。

堤岸结构型式设计力求因地制宜，充分体现"以人为本"的特色，达到绿化景观与周边环境相协调，体现岭南水乡美感，集防洪、排涝、美观于一体，力求将河涌两岸建成一个"天蓝、地绿、水清、人和"的生态型地区。

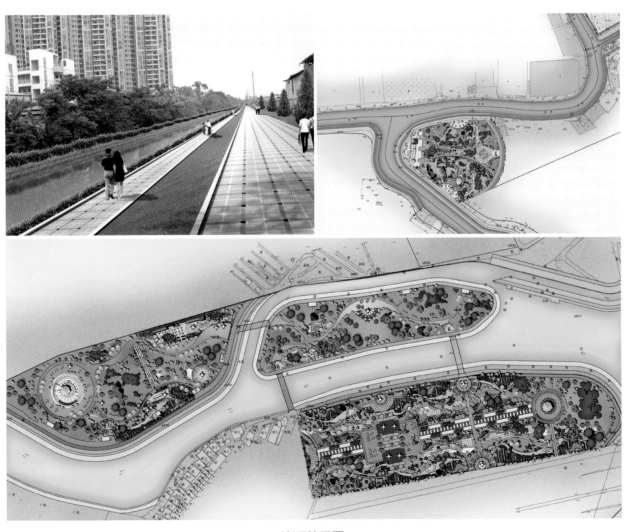

治理效果图

治理后实景

　　根据岩土工程勘察报告，各堤段河涌的地质情况差异较大，故对不同的地质条件应作不同方法的地基处理。根据堤岸结构型式设计安全需要，采用抛石、干砌石、松木桩等基础处理型式；跨涌桥梁地基处理采用水泥搅拌桩。

3.3 水生态景观设计

　　为保持河涌的自然生态景观，河涌的两岸尽量保持天然状态。景观建筑考虑在两岸修建富有岭南特色的凉亭和连廊，为周围提供休息、遮阳、避雨的地方。沿岸修筑一些砌石的下河步级，满足游人亲水戏水的要求。对于加强两岸沟通的人行小桥做成廊桥或建成拱桥。在河涌人口密集段和厂区段，以河道整治为主，在有限的空间、边角、护堤顶设花槽、小花池等进行美化。在河涌外用地相对宽畅的区段，采用一级、二级复式断面，留有亲水平台、绿化种植坡面，提升周边景观层次，净化美化环境。

　　南分涌与地铁改涌段的交汇口，形成一个局部扩大的汇流水域，在其下游形成一个孤岛和环形水域，水域景观效果更加开阔。

　　对于有条件做足景观文章的两个江心滩及周围地区，将以生态化、园林化、亲近化的原则，以湿地、城市公园相结合的手法和设计理念进行设计。充分发挥河涌两岸良好的自然生态效益,创造良好的社会效益。

4 创新与总结
CHUANGXIN YU ZONGJIE..............................

　　堤线布置时尽量不拆或少拆房屋，无法避免时尽量只拆除河岸单侧较小的低标准建筑，以便减轻工程实施时拆迁协调工作的难度，降低拆迁费用。

　　堤防断面型式确定应该结合周边地形条件及人居环境，因地制宜；基础处理方案应结合地质条件及堤防形式，根据规范进行计算后合理确定。

　　河道两岸排污对水环境影响最大，要净化和彻底改善水环境，两岸截污工程必须与河道整治工程同步进行，才能避免重复建设造成资金浪费，同时保证河道生态环境治理的可持续发展。

第 2 部分
水库枢纽景观工程

陕西省榆林市王圪堵
水库枢纽工程

1 工程基本情况

GONGCHENG JIBEN QINGKUANG ....●

1.1 工程背景

王圪堵水库以供水、农灌为主，并兼有防洪、减淤、发电和生态等综合利用功能，水库坝顶设计高程为 1054.0m，正常蓄水位为 1046.0m。枢纽工程由沙坝、右岸溢洪道、放水洞、泄洪排沙洞和坝后电站等五大主体建筑物组成。主要供水对象为榆横煤化学工业区、鱼米绥盐化学工业区（含米脂、绥德县城）生活和工业用水及水库下游农田灌溉补水。水库运用年限为 60 年，运用方式为蓄水运用。

依托水库得天独厚的自然地理条件，本次坝址区环境整治工程设计，范围确定为坝址区征地范围内的右坝肩平台、坝体下游坝后区域及左坝肩平台共计面积 40.9 万 m² （约 614 亩）。右坝肩区域主要以库区管理站为主的办公区绿化及坝址区入口、迎宾广场等设计；坝后区域是以大坝反滤体开阔区域的湿地设计、坝后电站、泄洪洞明渠和溢洪道建筑物之间空留的绿地设计；左坝肩区域主要是以高程 1054 及 1079 平台上观光游览的景观设计。

1.2 地理位置

王圪堵水库位于榆林市境内，榆林市地处陕西省最北部，东临黄河与山西相望，西连宁夏、甘肃，北邻内蒙古，南接本省延安市。王圪堵水库地处毛乌素沙漠北端横山县境内，包茂高速横山出口点北缘。水库坝址位于榆林市横山县城关镇西北 12km，榆靖高速公路无定河大桥以上 2.5km、芦河入无定河口以上 5.5km 处的无定河干流上，距榆林市区 60km。南至横山县 9km，进出王圪堵水库库区交通十分便利。拦河大坝面冲无定河大桥，从包茂高速上居高临下正好可以全面展示景区概貌，地理位置十分突出、优越。

大坝护坡原貌

电站厂房原貌

坝后原貌 花田花海原貌

1054 码头平台原貌 溢洪道及排沙洞原貌

1.3 工程现状及存在问题

1.3.1 坝址区现状

坝址区环境整治设计工作，以坝体为中心，范围根据库区整体开发规划思路，确定左坝肩观光区、坝后湿地体验区及右坝肩入口迎宾区。左坝肩的地势较为平坦，分级视野开阔，是展望整个坝址区的最佳位置，但是植被覆盖面积尤为短缺，场地沙漠化严重，整体景观环境相对比较单一，缺少游人观光休憩及娱乐的景观设施，因此难为后期该区域旅游开发形成基础。

坝后功能区域较为繁杂，主要是以水利工程施工余留的防护绿地、电站厂房周围附属生产绿地、坝后排水棱体返滤浅水区域以及其他原有自然形成的沙丘陡坎。坝后区域在水利工程施工完成后，整体景观空间功能缺失，交通路网不够完整，余留地形土方杂乱，景观设施匮乏，因此亟须环境整合，形成具有本土文化特色的景观观赏区域。

右坝肩主要是以办公区为核心的坝址区入口空间，办公区内绿化景观设施完整，但办公区外空间功能不明确，绿化景观设施不能彰显水库坝址区入口特色，加之通往左坝肩其他村庄的移民道路长期使用损坏严重。因此右坝肩整体景观空间需要进一步提升，为参观游览游客进入坝址区提供休憩、学习、交流的空间。

1.3.2 存在的主要问题

坝址区现状在水利工程施工完成后，整体缺少景观规划设计，功能空间难以体现本土文化特色气息，环境保护与水土保护措施不够完善，另外整体交通路网设施不合理，难以达到生态风景旅游的目的。同时依托王圪堵良好区域位置优势，整体环境资源未能合理利用，不能形成具有陕北民俗、文化的水域景观场所，因此后期整体景观规划设计迫在眉睫。

2 设计理念与目标
SHEJI LINIAN YU MUBIAO ....●

2.1 设计理念

体现工程与自然生态的完美结合，营造水岸风貌景致，为榆林市中远期旅游与经济开发奠定优越的环境基础，同时打造成为榆林市观光度假的后花园。具体表现如下。

（1）突出陕北黄土高原及毛乌素沙漠风情的水利风景特色。

（2）打造一个陕北区域水利特色的观光度假目的地。

（3）提高王圪堵水库在榆林地区的形象及经济效益。

（4）利用自然素材创造水利景观环境标志物。

（5）创造一个不同于周边旅游景区的活动文化经验。

（6）强调水利风景区本身亲切的人性尺度。

（7）创造水利风景区生动而自然的水景亲近空间。

（8）修复王圪堵水库周边生态系统并延展周边特色绿化覆盖。

2.2 设计原则

（1）生态性原则：在规划中应充分体现生态保护第一的原则，以丰富多彩的植物群落，水陆交融的绿地构架，创建一流的生态环境。

（2）人性化原则：根据不同年龄层次人群的使用特点，合理分区安排活动内容。

（3）文化性原则：应将水库景观绿化与榆林市横山县的地貌特征，风土人情以及历史文化自然地结合起来，表现出现代水库的功能与特色。

（4）经济性原则：水库内各类设施的规划应体现经济性，为其今后的旅游度假设施的良性发展打下基础。

（5）自然性原则：让人们游玩在其中，充分感受到水库风情的号召和魅力，远离城市的喧嚣与忙碌，放慢脚下的步伐，放松自己的身心。

总体设计鸟瞰图

2.3 设计目标

榆林市地处陕北高原，市区位于沙漠戈壁之上，干旱少雨，水源匮乏，大面积的水面湖泊更是凤毛麟角。而自有人类以来，人类就一直逐水草而居，凡是有河流湖泊的地方就是人类聚居的场所。发展到现在，人类的城镇化越来越趋于集中，而市区与城市边缘往往形成水面的区域就是人们休闲观光度假的聚集之地。王圪堵水库建成后，水面面积约 13.5km^2。水面之大乃是陕北之首，位置又正处于榆林市榆阳区南缘，王圪堵水库得天独厚的自然条件，可以顺理成章地成为榆林市地区广大市民休闲观光度假的后花园。

（1）整体规划设计和谐一致。整体风格上很好地体现出水利风景区特色，和谐一致，各个工程元素与景观元素和谐统一的布局，形成丰富的空间，塑造宜人的环境。

（2）体现人性关怀与情趣。在保障工程安全前提下的景观设计以人为本，最大限度地满足来此观光的各类人的各类需求，在设计之中尽可能的考虑完善，同时充分体现和展示出人工与大地自然的无限魅力，体现出无限的人与自然的情趣。

（3）生态与环保。强调以生态资源保护为主体，减少塌岸，保证工程安全，减少水土流失，不破坏生态系统，不让人的活动影响到环境的质量和风光，减少过多的人为的硬质景观。

3 工程规划设计
GONGCHENG GUIHUA SHEJI ······················●

3.1 总体布置

王圪堵水库坝址区是库区区位优越性、景观观赏性、活动使用性最佳的地段，通过对现状环境认真梳理，地理特征的整合，设计按照右坝肩区域、坝后区域和左坝肩区域三个不同特性的环境进行综合整治设计，并对陕北本土的人文、历史、景观资源等重新整合，特有旨在将王圪堵水库库区的整体环境氛围与周边地理环境和人文环境特点紧密相连，为景区的建设提供坚实生动的环境背景。

3.2 左坝肩景观规划设计

3.2.1 左坝肩高程 1054 平台景观设计

左坝肩分别以高程 1054 及 1079 平台区域为主要设计对象。1054 平台是左坝肩衔接坝体的唯一空间，更是库区水域观光的重要生态景观节点。利用优越的水景资源，可为游人创造一个体验、感受水文化的活动平台，设计设置满足百人使用的景观码头，在保证库区安全生产的同时，也便于无污染的水上运动的开展，使王圪堵水资源更加生动、活泼。

陕北民俗风情特色迥异，但最有代表性的便是闹秧歌、唱民歌、唱道情等，它不仅是反映陕北人民各个时期心里活动和思想面貌的艺术表现，更是黄土高原这个特定地域民族文化长期积淀的记录，因此在高程 1054 平台上，设计面积约 1.8 万 m² 的大型人文广场，为游人提供一个民间艺术表演的舞台，广场东西长约 300m，南北宽约 50m，东侧布置面积约 1000m² 的综合管理用房，结合码头广场，方便游人休闲使用及安全管理生产，广场中间以膜结构及文化艺术柱为主要景观特色，广场西侧布置两处大小不一的戏台，搭配景观围树树阵，铺装利用具有文化特色符号的石材，并设置景墙、石鼓小

左坝肩效果图

1079 平台观光塔效果图

品等共同展现陕北本土文化。

3.2.2 左坝肩 1079 平台景观设计

1079 平台是整个坝址区地势最高的地方，设计对原有的地形地貌进行梳理平整，对区域长远发展理念融合更新，于坝头 1054 平台布置 8m 宽踏步拾级而上，两侧附以石材栏杆，直至 1079 平台中心广场，仿佛对坝体的整体延伸。中心广场面积约合 3500m^2，以中轴对称的布置方式设计，位于广场中心新建一座高达 26m 的观光塔，使其不仅能够成为游客俯览整个库区的绝佳位置，同时也要成为整个坝址区地标性建筑物。广场两侧列植高大乔木，配置坐凳使游客更好的休憩活动。考虑长远开发利用，前期布设交通路网及观光停车场，其他附属绿地也栽植乡土经济树种，在形成观光交流活动空间的同时，也打造一处具有乡土民俗文化的景观空间。

3.3 坝后景观设计

坝后景观因地制宜，根据不同的地理条件环境，主要分为花田花海区、科普教育区、坝后湿地区。

3.3.1 花田花海区

花田花海区域位于溢洪道与坝体之间，该区域自坝头顺势而下，一直延伸到坝后电站，整体坡度较大，难以形成开阔的空间；但从坝后顺势向上而看，该区域犹如一片巨大的扇子倒置一般，观赏层次分部均衡，因此该区域以植物种植设计为主，根据不同时令、不同种类的观赏类灌木及地被，合理搭配旨在形成一片流动的景观色带，为更好的增进游客的体验观赏，花海之中布设休闲景观步道，创建景观观赏平台，供给游客观赏休憩活动。

3.3.2 科普教育区

科普教育区域位于坝后电站与坝后反滤排水渠之间，旨在利用不同的景观设施小品，为游客提供不同的水文化学习与探索体验。科普广场临近电站厂房入口，一方面为游客提供休憩活动，另外一方面设计摆放水利小品模型，设置景观置石、景观文化墙等，让游人进一步感受水利设施运行及操作的重要意义，同时更好的感受水库建设过程的艰辛与历史。

陕北自古就是民族融合的"绳结区域"，形成了以秦汉文化为主体，同时融合北方草原文化等少数民族文化的独特文化个性，自秦汉时期陕北便为上郡之地，"畜牧为天下饶"，其时，水草丰美、牛马衔尾、群羊塞道，为还原这种古牧人文特色，故位于电厂路西侧的绿地，布置设计数十个大小不一的特色蒙古包，搭配塞上独有的畜牧植被景观，并在其间点缀数组牧畜景观小品，用最生动的景观表现手法，拉近现代与历史之间的距离，不仅从景观空间上更加丰富，也使整个科普教育区域更加生动。

3.3.3 坝后湿地区

坝后湿地区是坝后景观设计的亮点，由于坝体施工完成后，坝后返滤水位较高，长期经过沙地的过滤自然的形成上百平方米清澈的水域，通过对设计方案的大胆创新及对坝体的稳定性慎重计算考虑，结论发现坝后返滤水体不但对坝体没有影响，反而为形成坝后湿地水域创造了良好基础，因此景观设

坝后湿地效果图

右坝肩效果图

展览馆效果图

计合理利用水域资源，在保证不影响坝体稳定性的情况下，扩大坝后返滤体水域面积至 20000m²，并设置水深 0.5~1m 之间的坝后湿地体验区。

在湿地水面之上布置生态防腐木步道及景观亭等，另外根据原有地势地貌，湿地中间设置面积约 6000m² 的生态小岛，岛上设置环形交通步道，区域划分为生态观鸟区及沙滩休憩区，同时配套相应管理用房，旨在打造一个坝后功能上集休憩、娱乐、体验为一体的湿地体验区。

水域搭配不同时令的浅水植物、浮水植物及沉水植物等，生态中心岛及其他微地形上搭配栽植不同的乔木、灌木、地被等，目的为游人提供一个学习自然生态湿地系统的场所，更是重新改善了坝后整体生态环境，提高坝后风景资源标准。

3.4 右坝肩景观设计

右坝肩景观设计旨在彰显坝址区主入口景观特色及宣传水利文化教育为主，因此景观设计首先结合原有办公楼，在其西侧新建一座面积约 2000m² 的水文化展览馆，同时利用展览馆与西侧道路之间的空间，创建一个符合迎宾主题的入口广场，在广场南北两侧分别列植高大乔木，种植落叶国槐与常绿雪松丰富景观空间层次，广场正中间设置一处景观喷泉形成流动的水景，同时广场铺装融合水文化元素的特色砖雕铺设，使整个广场更加赋予人文特色。

另外对原有移民道路重新进行铺设，并种植行道树，设置景观路灯，整体改善入口区域景观面貌，彰显坝址区入口景观特色；同时对坝头两侧绿地进行景观绿化及增设游人休憩设置，方便游客对库区景观游览观光。为更好地加强库区综合管理，右坝肩坝头新设立一座石牌坊，增设标识字体，使景观空间上也显得具有文化气息。

治理初步完成实景

3.5 水景观设计

坝址区水景观设计主要分为两部分，一部分位于左坝肩 1054 平台，设置百人码头，目的为游客提供一个对库区水域风光观赏、游览的入口平台节点。该码头设置区位良好，整体视线宽阔，能够一览整个水域风貌，同时增设对水域无污染的水上游乐设施，在保证库区安全生产的同时，也能够为后期旅游开发提供一大景观亮点。另外一部分水景区域位于坝体与移民路之间，原来坝后坝体返滤所形成的水域，本来只是就势通过地形排到坝后的无定河，但是通过大胆创新设计，保证坝体本身稳定的情况下，扩大水域面积，利用返滤所形成的水景资源形成具有独具特色的库区坝后湿地体验区。

4 创新与总结
CHUANGXIN YU ZONGJIE ....●

4.1 提升区域风景资源标准

王圪堵水库的建成，可以有效地调节无定河上游径流，所形成 1533.3 万 m² （2.3 万亩）水域，既营造了当地小气候环境，又增加区域湿地面积，使风景资源标准有了显著的提升。通过坝址区环境整治工程设计，一方面构建水库周围的生态防护网，以水库为中心构建全生态防护林，减少水库水分蒸发，减少水库周围水土的流失，改善水库周围气候；另外一方面因势利导，增设水库管理设施，构造直接接触水面的休闲娱乐活动平台，并且合理利用坝体渗出的水资源创造坝后湿地体验区。不仅为周边人群提供宜人的休闲场所，也为鱼、鸟类提供更为广阔的栖息场所。因此王圪堵水库环境的综合整治不仅有利于地区经济的发展，更是对于周边的风景资源标准提升有着无可替代的作用。

4.2 迎合未来水利工程发展趋势

水利工程改造山河、兴利除害，通过综合开发、合理利用、积极保护、科学管理水资源，使之更好地服从人们的意志，更好地为人类造福，这不仅改变了自然界中天然水流的形态，也改变了周围的自然环境和社会环境。国内外的大量实践都表明，许多水利工程不仅发挥了它们正常的工程效益，而且也越来越显示它们的环境效益，成为一种新颖的、十分引人注目的旅游资源，在发展旅游业方面发挥了重要的作用，作出了重要的贡献。开发水利工程旅游，已经成为水资源利用的一个重要方面。在生态经济环境水利阶段，人们普遍关注环境与生态问题，普遍重视资源开发与环境保护、生态保护的协调发展。在这样的前提下，强调水利工程建筑物的生态环境功能和美学价值，已成为国际、国内在水利工程设计方面的新趋势。

随着社会经济的不断进步和发展，城市现代化建设对于改善水域环境的要求不断提高。以改善水域环境和生态系统为主要目标的"城市环境水利工程"建设，成为水利现代化建设的重要内容。人们提出这些要求是社会进步的体现，也是社会经济发展的必然。王圪堵水库景观提升工程的规划、设计、施工等方面一直不断进行调整和完善，注入更多的人文、艺术、科学和现代气息，注重工程的环境效益和美学效益。通过流域的综合整治与管理，使水系的资源功能、环境功能、生态功能都得到完全的发挥，使全流域的安全性、舒适性（包括对生物而言的舒适性）得到不断改善，支持流域实现可持续发展。

4.3 形成独具特色的大漠水利风景区

中国江河纵横，河流众多，而陕北地区本身位于沙漠戈壁之上，干旱少雨，水景资源严重匮乏，大面积的水面湖泊更是凤毛麟角，水面积约 13.5km^2 的王圪堵水库犹如一颗闪闪发光的蓝宝石，镶嵌在陕北大漠之上。

景观设计精心统筹工程与生态自然地和谐相处，打破以往水利工程只是作为防汛抗旱的民生工程，设计构思中极力将科学发展观水生态环境保护的思路融合于设计理念中。因此王圪堵坝址区环境的综合整治"以绿为先"，设计丰富多彩的植物群落，例如模纹彩色护坡、材草植被网格护沙、花田花海台地等，充分体现生态保护为第一的原则，创建一流的生态环境。

结合库区特有水陆交融的绿地构架，坝体背水侧进行绿化美化的同时，设置巨型"王圪堵水库"标识字体，彰显库区景观文化标识符号。坝轴视线上由近及远，分别设置牌楼、观光平台、游览台阶及景观塔等景观节点，丰富坝顶轴线关系，提升坝轴景观空间功能。同时景观小品的设计，大胆采用红色形象柱、红座椅、红色拱门等陕北文化元素，设身处地的考虑游人的观光活动行为及观赏体验心理，利用良好的水域环境资源，打造具有生态人文、科普教育、观光体验为一体的大漠水利风景区。

坝址区完工实景

陕西省延安市南沟门
水库枢纽工程

1 工程基本情况

GONGCHENG JIBEN QINGKUANG ·····························●

1.1 工程背景

南沟门水利枢纽工程主要为工业和城乡生活供水，兼顾灌溉和发电等综合利用。在不影响下游综合用水情况下，解决交口河工业区、华能延安电厂、杨舒石化工业园区、黄陵县城及交口河镇的生活用水，发展隆太塬灌区，利用工业城镇供水及农灌用水发电。

南沟门水库属Ⅱ等大（2）型工程，大坝、溢洪道、泄洪洞、引水发电洞等主要建筑级别为 2 级，坝后电站厂房等次要建筑物级别为 3 级，临时建筑物级别为 4 级。大坝设计防洪标准为 100 年一遇。泄洪建筑物消能防冲建筑物设计洪水标准为 50 年一遇。

水库环境整治内容分为坝体坡面景观设计和生态湿地景观设计，设计面积约 35 万 m²。

1.2 地理位置

黄陵县地处黄河中游的黄土高原，位于陕西省中部、延安市南端，有"陕北南大门"之称。

南沟门水库枢纽工程位于陕西省延安市黄陵县境内，水库坝址位于葫芦河河口上游约 3km 处的寨头河村南沟门附近，距黄陵县城约 25km，距洛川县城约 17km，距延安市约 120km，距西安市约 180km。

1.3 自然条件

黄陵县属鄂尔多斯台地的一部分，为黄土高原沟壑区。地势西北高、东南低，略呈倾斜，分为西部梁峁、川道河谷、东部塬面三个地貌单元，平均海拔 1200m。

水库区地处陕北黄土高原强烈侵蚀区，河流切割基岩深达 50 余 m，两岸沟谷纵横，塬、梁、峁黄土地貌景观明显，相对高差 200 ~ 300m。河流阶地发育不对称，凹岸岩石裸露，地形陡峻。

黄陵县属中温带大陆性气候，年平均气温 9.4℃，年降水量 596.3mm，盛行风向为西北和东南风。主要气象灾害有干旱、冰雹、暴雨、霜冻、大风。其中危害最为严重的是干旱。

洛河是渭河的第二大支流，流经黄土高原地区，是一条多泥沙河流。流域上游植被差，水土流失严重，为泥沙的主要来源区。

葫芦河系洛河最大的一条支流，流域内无大中型水利水电工程，人类活动影响较小，河流含沙量小，是洛河流域最好的一条清水河。

洛河流域属暖温带大陆性季风气候，四季分明，冬季寒冷干燥，春季干旱多风，夏季气候温热，秋季凉爽多雨。气候在地区分布上差异较大，流域内年降水量由东南至西北递减。

1.4 当地文化

项目所在地黄陵县内有"黄帝陵"黄帝文化、万安禅院（千佛洞）佛教文化和黄陵国家森林公园等，"黄帝陵"在国际享有盛誉，是炎黄子孙寻根祭祖、抒发民族情感、凝聚民族合力的圣地。万安禅院，又名千佛洞，是领略佛教文化，净化心灵，观光旅游，休闲度假的好地方，属于佛教艺术的天堂，石窟内有大小佛教造像千余尊，个个栩栩如生、神态逼真，是佛教艺术造像的精品。黄陵国家森林公园，是首个以黄帝养生文化为主题的森林旅游区，拥有灿烂悠久的历史文化外，还孕育着规模庞大的万顷森林，是怡情养性的绝佳"天然氧吧"，更是黄土高原上难得的一处集生态观光，文化体验，养生度假于一体的森林旅游胜地。

以地域优势为依托，南沟门水利枢纽工程在开发建设过程中发掘出了西戎文化，并首次在考古上实现草原文化和中原文化的衔接。工程区建设范围内有一棵2000多年的古柏，黄陵古柏群为全国最大的古柏群，可以与黄帝陵内的古柏媲美，具有很高的人文价值和生态景观价值。

1.5 工程现状及存在问题

1.5.1 水系特点

基地东侧有葫芦河，为工程区内主要水系，但流量较小，为满足景观营造和使用要求，可利用水库渗水形成的景观水面，营造不同特色的景观节点。现状雨水排水可直接顺应地表径流排入河道，利于地形高差变化设置不同的湿地水面。

设计应对措施：利用地形高差的优势将雨水有效引导以及对其在流经过程中进行净化，用于景观用水。

1.5.2 植被系统

基地内植被覆盖率较大，植物生长茂盛，大多为酸枣、芦苇等野生植物，还有一颗千年古柏，具有一定的观赏价值。场地内植物分布不均，疏于管理，绿化垂直结构上乔灌草比例失调。

设计应对措施：尽量保留护坡现有植被，增加常绿类及其他多品种的地方特色植被，形成具有丰富季相特色的水库风景。

1.5.3 道路交通系统

场地内现有路网，山坡地上有几条人为踩踏的步行道，比较凌乱，现状人车混行，道路无分级，没有形成系统的路网。因此，从坡顶车道进入场地受到较大的限制。

设计应对措施：保留及改造场地内道路，使风景区内主干道形成环线，游人可驾车直接到达景区，在机动车道旁，设置停车场、满足游人停车、滞留等需求。还可设计一条主要步行观景大道，车在坡上行，人在山谷游，形成人车分离的交通网络，满足绿色出游或健身的人群，使游人自由的在各个区域自由穿梭。

1.6 工程建设必要性

水库是人为干涉最明显的水利工程，南沟门水利风景区的建成，必将对建设范围内原有生态环境造成影响，其中的水生态环境是重要的一项，在景观设计中要加以修复它的生态环境。

利用适宜的水质条件，依靠生态系统的自我调节能力与自我组织能力使其向有序的方向进行演化。利用生态系统的自我恢复能力，辅以人工措施，使遭到破坏的生态系统逐步恢复，使生态系统向良性循环方向发展，人工措施选择在库周边补植乡土树种。通过植被恢复，改善南沟门水利风景区的生态环境，为植物、动物、生物创造适宜的生存、繁衍空间，从而保护和恢复已遭受破坏的生态系统结构，努力建设一个"国家级水利风景区"，兼顾自然与人文的和谐。

2 设计理念与目标
SHEJI LINIAN YU MUBIAO ....●

2.1 设计理念

（1）传承历史文明，将文化内涵融入景观设计之中。传承并发扬当地悠久的历史文化，把文化要素作为景观设计的一条重要线索，应用其中，营造独特的文化氛围，提升整个景区的文化品位，使南沟门水库风景区也成为一个教育基地，发掘历史文脉并延续，再创人文景观。

（2）生态自然与人工技术相结合。设计遵从自然合理利用，修整自然地形地貌及场地的空间组合，顺从自然，减少开挖，最大可能的保护利用现有植被的生态系统，同时运用先进的人工技术优化自然格局，解决实际问题。

（3）创造经济宜人的环境，满足设计标准化。在经济、实用、节约的原则下，充分利用自然、气候、地形及当地材料，构筑亲切宜人的空间，按照国家对水利风景区标准合理设置场地、环境设施及绿化标准，使南沟门水利风景区与周边环境融为一体，形成环境的可持续发展。

2.2 设计目标

从水土保持、生态修复的立意出发，强调水生态文明在南沟门水库水利风景区中的引领意义，以"西戎"和"古柏文化"为核心，突出南沟门水库秀丽的山光和旖旎的水色，彰显"湿地绕旱塬"的主题，呈现一幅"两山翠绿，碧水中流"的美景。结合黄陵得天独厚的区位优势，在满足水土保持的前提下，使工程区在遵循自然规律的同时，延伸地域的历史文化意义，打造一个独特的国家级水利风景文化区，营造出黄土高原上的秀丽风光。

3 工程规划设计
GONGCHENG GUIHUA SHEJI ·························●

3.1 坝体景观设计

大坝作为水库的主要建筑物，包括导流泄洪洞、溢洪道、引水发电洞、坝后电站等相关设施，大坝坝高 63m，水库常水位 848.00m，坝顶高程 852.00m，坝型为土质坝，坝顶宽 10m，坝体上游坝坡在高程 812.5m 以上采用厚 0.4m 的干砌石护坡，下游坝坡采用拱形骨架内植草皮护坡。

大坝可调节河道径流，在汛期，利用大坝拦水，减少河道洪水流量，避免洪水对下游造成灾害。洪峰过后，在安全前提下，把水泄流到河道上，保障了生态用水。坝体为土质坝，投资低，相对经济，坝体造型简洁、大方、不仅展现了坝体的宏伟外观，还体现"他"的轮廓美。

坝体在色彩设计上也旨在体现生态环境的景观主题，坝体上游护坡采用古朴、自然的浆砌石，下游采用混凝土拱形骨架，中间种植混播草，突出生态主题。在坝坡的 1/3 处，标志性的"南沟门水库"五个大字采用在我国文字史上具有历史影响地位的隶书形式表现出来，文字颜色采用白色与周围绿植相得益彰。坝体闸门的颜色选用与坝体统一的水泥灰色，使坝体整个颜色统一协调，大坝景观溶于整个大环境之中。

从坝体的观赏角度考虑，除它自身有独特的造型及尺度感外，在坝后的生态湿地设计中，留有最佳的观赏位置，来展现南沟门大坝的雄伟壮丽。

3.2 生态湿地区

坝后景观是依托南沟门水库为主体，用自然多变的地文景观、丰富多样的生物景观，融入独具特色的人文景观，形成一个供人们游赏、娱乐休闲的区域。南沟门水利风景区位于山林、沟道地带，景区本身就拥有丰富的自然资源，尊重、保护自然文化遗存，如"千年古柏"的保留等，挖掘和发扬当地特色，合理运用景观元素，结合水利工程，坝后生态湿地景观主要突出水利科技和水文化的展示。

治理前坝体状况

治理后实景

项目区现有一棵2000多年树龄的古柏，具有很高的人文价值和景观价值，很多游客在古柏周边自发进行祭奠和祈福活动，古柏也是场地中的一大人文景观亮点。

在平面设计中采用许多圆形符号作为设计素材，是根据水滴滴入平静入水面后形成的圆晕提炼而来。

交通组织、人行道路贯穿园区，园路把每个景观节点串联起来，使游人有秩序的到达每一个景观点。

由于水体的下渗性，使水库与坝下游（坝后）空间融为一体，造就了水库型水利风景区的特殊性。设计中合理利用水资源，塑造出坝后特色景观：将坝体渗水引入湿地作为湿地用水，再经过湿地过滤后，流入葫芦河。

生态湿地区依据地形，在设计中分为五个区域：大地艺术区、生态廊道区、生态湿地区、休闲活动区、滨水环境区。

3.2.1 大地艺术区

该区域设计因地制宜，利用大坝右坝间的平台设计广场，利用高坡地设计花田花海。花海犹如花瀑从高处落下，游人身临其境，不只是用眼睛来观看、用鼻子去闻、用手指去摸，更能用整个的心灵去感受。

生态湿地鸟瞰图

（1）坝头广场。利用平台作坝头广场，周围采用绿化种植，广场区域用不同椭圆嵌套，形成不同的材质铺装，周边放置休闲座椅，中心区域设计圆形种植池，放置标志性景石。站在坝头广场，俯瞰花田花海，美色尽收眼底。

（2）花田花海。在坝头广场以下至坝后背水坡底坡面，天然形成较陡的坡面，表面黄土裸露、植被稀少，影响景观。设计中利用地形高差，辅以大地艺术特色。为防止水土流失，考虑到邻近坝体，便于后期养护管理，在该区布设各类草本、灌木、花卉，不规则的排列造型使游人在平台往下俯瞰，犹如到了花的海洋，令人心旷神怡，局部点缀乔灌，使花田花海的视觉感受不那么单调。

3.2.2 生态廊道区

通过改造和修正南沟门水库上坝公路两侧的地形和边坡，以及两侧道路可视范围内的沟道，打造公路生态长廊，在两侧沟道有限的范围内，种植乔、灌、地被、草皮，铺设满足后期绿化管理的便道。

上坝公路形成的较陡的上边坡采用柔性骨架护坡，骨架内种植灌草，坡顶进行相应的绿化。对于较缓的下边坡和由于建设扰动的天然边坡迹地，设计中将其改造成适合生物生长的仿自然状态的护坡，达到稳定边坡的目的。护坡材料采用具有耐水性、抗侵蚀性、抗冲击性，同时具有渗透性和亲水性材料。

（1）边坡绿化。南沟门水库上坝公路两侧区域，由于黄土高原特殊地形条件，地段宽窄、陡缓不一，对道路两侧除常规栽植行道树（国槐和栾树）外，对内外侧区域和边坡进行乔灌草花综合配置绿化，对公路上边坡陡峭处采用骨架柔性护坡，骨架内栽植沙地柏、紫花地丁和紫花苜蓿，坡顶栽植侧柏和月季进行防护。较缓的下边坡和上边坡，由于坡顶可绿化空间较大，坡面采用的绿化与较陡边坡一致，

坝头广场平面图

花田花海平面图

坡顶采用的绿化树种为:紫叶李、侧柏、棣棠、小冠花,制造绿色氧吧的同时,又达到绿化美化的效果。

(2)密林曲径。结合现场情况,上坝路两侧有南沟沟道,设计根据地形和道路可视程度,采用不同的乔、灌、草花,由近及远进行绿化美化;树、草均采用当地乡土植物,常绿和落叶搭配,栽种紫穗槐、沙地柏,栾树,国槐,侧柏、雪松,三叶草等,融入自然景观,方便后期抚育和灌溉;从外至里铺筑小路通行。该区域是园中植被最丰富的区域,游人在山林间感受城市中难得的宁静,享受大自然美妙的环境——树叶婆娑,小鸟在枝头喳喳,风带着芬芳的花香,从远处呼呼走来……这一切像一首悦耳动听的小曲,让人流连忘返,传递着健康、自然的生活态度。

3.2.3 生态湿地区

南沟门水库下游除河道内除生态用水外,无其他人、畜及工业用水要求,为保证下游生态用水,对该区域葫芦河进行河道整治。左岸保持原有高坎,河道护坡采用自然的生态护坡。经过人工大坝拦截后的河道,修复并保留一定自然弯曲的河道形态,有宽有窄,重新营造出接近自然流露和有着不同流速的水流,恢复河流的蜿蜒形态,使河流既有浅滩,又有洼地,造就水体流动多样性。通过河道河底

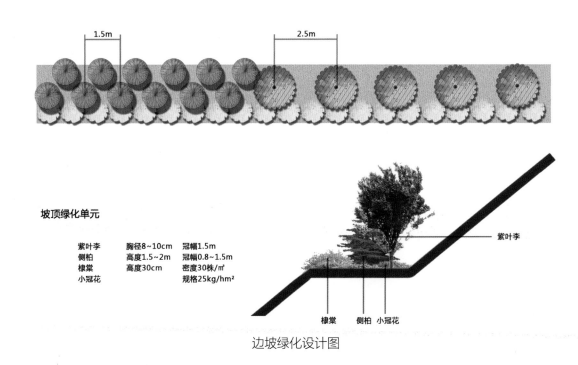

边坡绿化设计图

边坡绿化效果图

及坡面表层面生长的大量微生物、藻类、水生动植物形成的自然生物膜净化水体，提高河道本身的自净能力。

（1）生态湿地。利用坝后部分区域地势低的特点，设计生态人工湿地，把生态文明理念融入到水利风景区的各个环节。设计湿地水域面积约 2.10 万 m²，水域深度 0.4~1.2m，水域沿岸坡比采用 1：5以上的安全坡比。根据高差适当设置溪流、跌水，跌水采用自然石块叠加堆砌。在水域面积较大的区域，设计水中绿岛，为满足景观需要把绿岛做微地形处理。岛与岛之间用木栈道相连，主园路与部分岛屿之

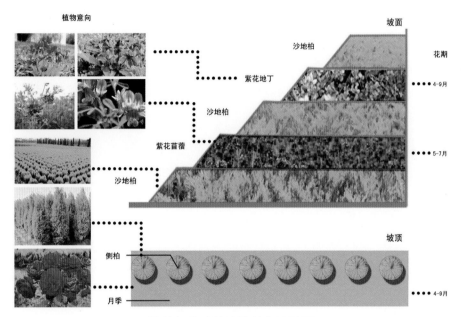

边坡绿化（较陡边坡）设计图

生态廊道区俯瞰效果图

间根据距离且满足交通需要设置景观桥。景观桥有平桥、拱桥、折桥等多种形式。水域种植挺水、沉水、浮水等湿地植物，人工湿地采用简单、纯粹的设计手法，减少人工砌筑痕迹。湿地驳岸则是对原始自然土坡进行梳理、修正，满足设计要求，形成生物滞留区；通过水生植物形成的吸附、降解、离子交换和挥发等过程降低有害物质；通过合理的植物配置，为昆虫与鸟类提供良好的栖息环境；湿地通过其植物的蒸腾作用来调节环境中空气的温度与湿度，改善小气候环境。湿地的构造成本以及维护与管理成本均较低，与传统的草坪相比，能给人以新的感知与视觉感受，也可成为游人观察、研究水生动物、植物的场地，可谓优势明显。

（2）坝下游葫芦河护岸区。为防治葫芦河土质岸边被水流冲刷而引起新增水土流失，设计摒弃了原来的浆砌石挡墙方案，原方案不易透水、内外墙长期被水浸泡导致墙体不稳易引起坍塌。新方案采用了自嵌式挡墙设计，为柔性透水结构，基础为小型素混凝土基础，采用混凝土自嵌式挡土块和土工格栅加筋对嵌块予以固定，墙高度在 0.8~1.2m，起加筋作用的土工格栅的长度为墙体高度的 0.6~0.8 倍。在墙体与回填土之间用土工布分隔，起到反滤作用，防治墙体内的土堵塞过水通道，使岸边河滩经过湿地净化的渗水顺利排入河道；土工布将回填土反围起来，可以保证保土透水防淤的功效。回填土与块体之间有 30cm 宽度的级配碎石，起到过滤排水、释放荷载、提高抗冲刷的功效。嵌块之间采用锚固棒进行连接，锚固棒采用高分子材质，具有很强的弹性，这也增加了面板整体的弹性和韧性。

（3）儿童活动区。在湿地的右侧，利用圆的组合穿插并使用明快色彩的搭配，创造了一处动感活泼的特色儿童活动场地。场地空间形式丰富，有浅水池、沙地、起伏坡地等供儿童戏水游玩。户外拓展迎合娱乐运动发展潮流，利用陡坎断面，在山体一侧设计攀岩区。周围布置休息区、健康步道、供聊天、散步等。植物以树形优美，常绿乔、灌为主。此区域不仅风景优美，还可以让游人充分享受游玩的乐趣。

生态湿地效果图

3.2.4 休闲活动区

在保护好原有古柏的基础上，增加建设了西戎文化广场，从而提升南沟门水库的文化内涵。依水就势，宜堤则堤，宜石则石，适地修建石趣园。利用原有多年废弃的窑洞，不仅展现出黄土高原文化，也避免了建筑垃圾的污染，保护了环境，使自然生态和人工景观相互和谐。

（1）古柏西戎广场。在广场中心位置设计以西戎版图为原型的地浮雕，突出广场的文化性，地面上以西戎纹饰作为装饰，采用传统的红、灰色调进行区分，使人在参观博物馆后依旧感受到浓厚的文化气息。古柏是当地的特色之一，可供人上香祈福，接近古柏的区域铺装颜色选用陕北具有代表性的红、黄、灰色，铺装采用渐进的同心圆，寓意古柏的年轮永恒传承，生生不息之意。

（2）石趣园。在葫芦河的砂砾石岸边，大坝建设导致该段的水量减少，基本为生态基流量。在砂砾岸边，设计利用现有的砂卵石进行不同造型的摆放，卵石之间种植水生植物，既达到预防水土流失的

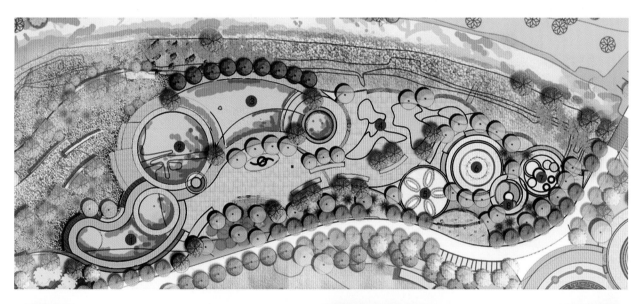

儿童活动区效果图

广场效果图

石趣园设计图

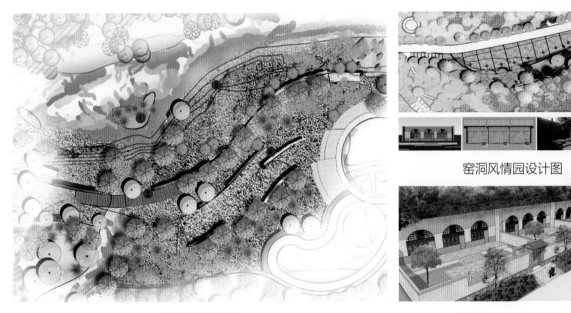

石趣园平面图

窑洞风情园设计图

窑洞风情园效果图

目的，也起到了很好的净化美化效果，同时也修正了因建设而造成的河道破坏。根据地形的开阔程度，用现有卵石砌筑成分隔挡墙和管理小路，以便后期对河道进行管理。

（3）窑洞风情。南沟门风景区为游人留宿提供有窑洞式农家旅店，受陕北自然环境、地貌特征和风土人情的影响，窑洞是自然图景和生活图景的有机结合，渗透着当地人对黄土地的眷恋和热恋之情。在旅店的设计上，因地制宜，就地取材，展现黄土高原地景文化，避免建筑垃圾污染，为游玩的人们提供温馨的家庭酒店的同时，感受陕北特有的风土人情。

3.2.5 滨水环境区

泄洪洞至葫芦河桥之间及左岸为较开阔地带，为防止泄洪洞水流冲刷河道，在河滩布设铅丝笼月牙形的放冲堤滩，在河岸两侧种植芦苇带，发挥河岸植被护岸功能。在对左岸开阔地带予以生态设计的同时，结合实际地形平坦及邻近村庄的特点，进行经济林建设，辅以经济创收的功能。栽种苹果、杏、葡萄、石榴等，建设生态采摘园，兼顾经济利益、生态环境和社会效益，实现"以地养地"的经济平衡。水流集中的低洼地段改造成鱼塘，进行垂钓及养殖。从整体上保护和恢复原有的自然生态结构和天然景观。

（1）生态采摘区。在葫芦河桥进入上坝路处、葫芦河左岸段，滨岸附近较为开阔，占地类型为河漫滩和坡地，周边为当地农民耕地或者果园，为与当地人文环境相适宜，采用修正坡地，种植经济林木的设计方案，错落配置、品种搭配、花草兼顾。经济果木选择苹果、杏、桃、李、葡萄、酸枣、石榴、山楂、柿子等；花草选用高羊茅，小冠花等。整体作为水库采摘区域进行管理。

（2）月牙滩。该区域位于泄洪洞以下，为防止泄洪洞水流对河道产生淘刷，设计采用铅丝石笼在河滩内砌筑成月牙形状，抵御洪水冲刷，同时修正坑洼不平的河道；在河道两侧为保护岸边冲刷，栽植芦苇进行防冲，芦苇与卵石相间，既保持水土，又增绿河道；泄洪洞以上修筑吊桥，方便管理人员出入，吊桥两侧修筑平台，在南沟门水库泄洪时可以观看气势磅礴的泄洪景观。

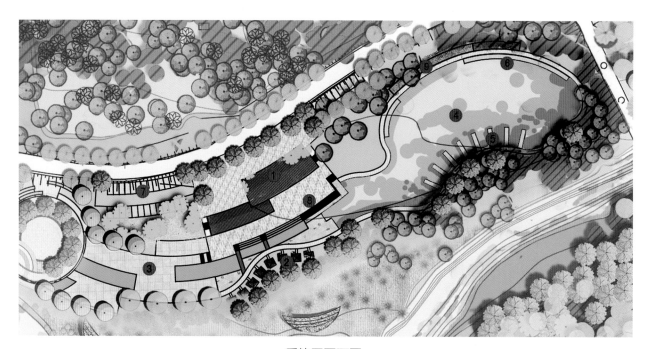

垂钓园平面图

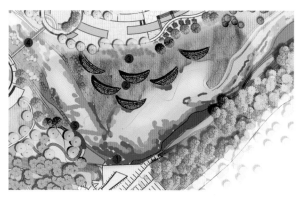

月牙滩平面图

垂钓园效果图

（3）垂钓园。在左岸开阔的河漫滩地带，利用得天独厚的水资源优势，设计蓄水池，进行鱼虾类养殖，为库区管理人员提供绿色产品，同时便于职工垂钓，培养情趣，给枯燥的生活予以调节。池岸周边配以水生的乔木、灌木和草类，与采摘区绿化风景相呼应。

3.3 办公区景观设计

办公区建筑立面采用现代风格，造型简单，线条流畅，色调纯净，配以青灰色屋瓦，遵循环保建筑设计原则，经典元素与潮流元素并存，在布置方位上背山面水，有利于景观布置。

在办公区景观环境设计中，以"生态、绿色、节能"为设计理念，打造可持续发展的生态环境景观，在用水、用电，环保材料及植物选择上都考虑生态、环保，通过人工和自然相结合的方式提高水资源的回收和利用，运用现代设计手法，融合文化、历史、自然于景观之中，打造具有浓郁现代气息的生态景观环境。通过对基地空间的多层思考，实现更加人性化的景观空间，结合多样化的设计因素，使之和谐共存。

3.3.1 入口景观

办公区入口集散广场，采用格式化的布置方式，显得较整洁，几组乔木、花池组合排列为入口广场增加一抹绿色。紧邻西侧设置景观水池，水池侧设置一处主题景墙，又将水的五德"有德、有义、有道、有勇、有法"的水文化雕刻与主题墙之上，并搭配落水架空景墙，赋予此处空间教育意义。主题雕塑为四根柱子撑起的构筑物，形为漏斗承天之水汇集于此，寓意水生天地万物。四周设置四尊镇水神兽，代表着人们对一个良好生存环境的渴望和美好的愿望，透漏出浓厚的文化气息。主干道路侧，设计有水生植物净化池，将雨引入其中，通过水生植物根系形成的微生物膜对有机质的降解作用和植物本身对营养盐吸收作用而去除污染物，水中种植挺水植物，可有效抑制藻类的繁殖，净化后的水重新排入景观水池中。

3.3.2 西侧蓄水池

办公区西侧，雨水蓄水池以曲线的道路与水池中折线的木栈道形成强烈的对比，曲线道路与车行道之间，加以微地形的变化，自然与规则相结合，带给人空间及心灵上不同的感受。利用景观水池贮

办公区效果图

运动场效果图

存雨水，不仅节约工程投资，还可以用雨水替代景观用水，节约水资源。

3.3.3 运动区

办公区北侧三角地，是为员工打造的活动空间，设置有篮球场、羽毛球场、网球场。球场两边设置特色的景观休闲廊架，"动"与"静"的结合，花坛有序的排列，更为运动空间增加了生动气息。

3.3.4 预留地

办公楼南侧预留地，用流畅的曲线及弧形组合，在平面布局上，显得动感十足。设置有休闲散步的健康步道、弧形木栈道、弧形座椅，曲线道路旁搭配大量当地本土植物，自然、野趣、悠闲，人漫步其中，可享受充满野趣的绿色空间环境。

蓄水池效果图

预留地效果图

3.3.5 屋顶花园

屋顶花园是利用办公楼及附属用房屋顶打造的休闲区，给生活增加更多的乐趣，也是一个很好的避暑地。屋顶花园空间设计，均以人性化设计为本，坚固功能与美观，体现出绿色生态的现代化要求。自然的最佳设计就是绿色，这也是屋顶花园设计的初衷，中式景观亭、户外休息平台、生态藤架、弧形座椅、木质平台，在有限的空间里，创造出多元化的景观空间。

4 创新与总结
CHUANGXIN YU ZONGJIE ....●

4.1 水文化的利用

以南沟门水库、坝后生态湿地、葫芦河形成的南沟门水利风景区水域网络，独特的水系和可持续发展的生态循环系统，形成在黄土文化背景下的独立的水景模式，突出了黄土高原水文化特色。

4.2 水库渗水及湿地防渗利用

坝后湿地用水采用水库的渗水，利用地形的高差变化，把水汇聚到湿地低洼区，再通过湿地循环，流入葫芦河，这不仅是对渗水的合理利用，还节约了水资源。湿地区池底不做防渗措施，采用黏土作为湖底防渗符合生态设计理念，既可以减少湖底渗漏量，又可以补给周边地下水。坝体渗水的不断流入，也加速了湿地的水流循环。

4.3 生态湿地结合地形

坝后湿地结合现状地形的高低变化，低洼处蓄水做湿地，顺其自然的地形，减少土方大量开挖，节约了成本，减少人工痕迹，地形形态保留了原生态风貌。

4.4 雨水回收利用

南沟门水库办公区的景观用水，将降雨时的雨水集中收集，沉淀后通过植物的净化作用达到景观用水标准，再循环利用。这项措施投资少、见效快、便于管理，适合陕北这种黄土高原丘陵沟壑区。雨水收集的意义对水土保持和生态环境改善发挥着重要的作用，不但减少了地下水的开采，还可以补充部分地下水，减轻整个自然界水循环系统的压力，对建设生态城市、保护环境都有重大意义。

陕西省西安市李家河
水库枢纽工程

1 工程基本情况

GONGCHENG JIBEN QINGKUANG ....●

1.1 工程背景

李家河水库工程是《渭河流域近期重点治理规划》中确定的重点建设项目之一，李家河水库位于辋川河东、西采峪两大支流汇合口下游约 1km 处，控制流域面积 362km²。西安市辋川河引水李家河水库工程主要由水库枢纽和引水暗渠两个部分组成，水库枢纽位于蓝田县玉川乡李家河村，坝址以上控制流域面积 362km²，多年平均径流 1.33 亿 m³，设计坝高 98.5m，拦河大坝为碾压混凝土拱坝，正常蓄水为 880m，总库容 5250 万 m³，年供水 7230 万 m³，主要承担东部地区灞桥纺织城、高陵、临潼、阎良、蓝田五区（县）和阎良国家航空基地、洪庆航天基地及白鹿塬 200 多万人口的生活供水任务，以便缓解该地区极度缺水的巨大压力。

水库地理位置优越，基地四面环山，树木郁郁葱葱，加之建成后水库形成的优美湖水风光为当地营造了一处令人心旷神怡的水利风景区。在这样的基地上开展李家河水库的设计，既可满足功能的需求，又可尊重和创造环境。整个基地占地 27.9 亩，规划总建筑面积 5652m²，分为五个功能区：生产厂房区、现场宿办区（派出所）、广场景观区、枢纽基地区、沿河景观区及闸房建筑。

1.2 地理位置

西安市辋川河引水李家河水库工程位于西安市蓝田县，是解决西安市东部用水紧张的骨干供水工程之一，工程由水库枢纽和输水渠道两大部分组成。水库枢纽距西安市约 68km，距蓝田县县城 23km，坝址处有蓝葛公路通过，连接蓝田、西安，公路等级 3 级，除峪口至坝址段公路需进行改建外，均满足对外交通的要求。灞河一级支流辋川河中游，地处三皇故里，南枕秦岭，北依渭河。

卫星图

1.3 自然条件

蓝田县地貌地形复杂，南部为秦岭山地，中西部蓝川、白鹿塬相间，北部是华胥横岭。水库枢纽区地处渭河盆地东南部秦岭北麓中低山区，地势南高北低，辋川河由南向北，两岸岸坡陡峭，基岩裸露，局部有残留堆积阶地，一般谷底宽度约 40 ～ 60m。

辋川河系灞河左岸较大支流，属渭河二级支流，上游分东、西采峪两大支流，东采峪源于葛牌乡以南的东沟南部，俗称沙沟，西采峪源于红门寺东南的刘申沟东部，两大支流由南向北在两河桥汇合向北流至蓝田县城西南汇入灞河。地形地貌以秦岭山地为主，层峦叠嶂、沟壑纵横，辋河纵穿其境。奇花野藤遍布山谷，瀑布溪流随处可见，是秦岭北麓一条风光秀丽的川道，地理位置得天独厚。阔叶林带，侧柏、白皮松是主要的天然森林植被，林内混交有山杨、栋类乔木，片状分布，白皮松文明全国。人工林以油松、华山松为主，小片分布有红名栗、核桃、柿子等经济树种，森林覆盖率占全乡总面积的68%。

辋川河径流由降水形成，由于受东亚大陆季风气候影响，具有夏季降水量大而集中，冬季降水量小的特点。7—9月降水量约占全年降水量的50%，12月至次年2月降水量不足全年降水量的5%。

蓝田属暖温带半湿润大陆性季风气候。具有四季冷暖分明，冬夏长而春秋短以及雨热同季等特点。春季由于暖气团势力的逐渐转强，气温渐高，但此时冷空气活动仍较频繁，冷暖气团易交锋，故降水渐多，表现为升温快，多风，天气多变。夏季由于受太平洋副热带海洋气团影响，气候炎热，多雷暴，阵雨天气，且常有连阴雨天气出现。秋末气温则急剧降低，降水量显著减少，一般呈现出秋高气爽的晴朗景象。冬季由于受极地变性大陆气团影响，天气冷暖干燥，气温最低，雨雪偏少。蓝田地上、地下水源丰富。地上水主要有灞河、浐河、零河三大水系，地下水分为4个水文区，并有潏水、温泉和矿泉。

1.4 当地文化

辋川在历史上都是达官贵人，文士骚客心醉神驰的风景胜地。辋川溶洞、蓝关古道、王维手植银杏林、大唐王维苑等人文景观星罗棋布，素有"终南之秀钟蓝田，茁其英者为辋川"之誉。"辋川烟雨"为蓝田八景之冠，每年有数以万计的游人来这里观光。唐时"宋学士诛茅""王右丞筑墅"，人文蔚起，兴豁留馨，特别是大诗人王维曾隐居辋川，为此地刻印上了穿越历史的文化符号。王维死后葬于辋川，墓址在现在的辋川乡白家坪村东60m处。距王维墓东约500m处有王维亲植银杏树一棵，虽经1200多年历史变迁，至今还根深叶茂，郁郁葱葱。

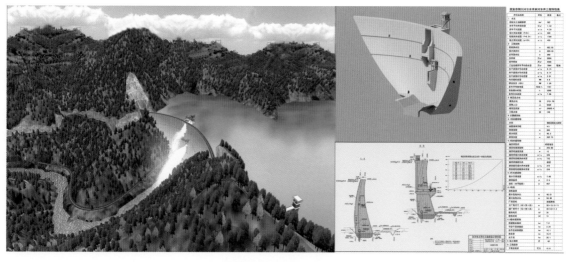

李家河水库设计效果图

2 设计理念与目标
SHEJI LINIAN YU MUBIAO ....●

2.1 设计理念

设计理念包括以下 4 方面。

（1）以人为本，按当地的生活方式将建筑与环境有机统一。

（2）从景区大环境的角度出发，与周边环境要素协调，注意空间层次及时代感。

（3）规划设计尊重地段周围的自然人文，形成和周围协调有序的建筑群体。

（4）可持续发展，以期达到社会效益，环境效益和经济效益的辩证统一。

2.2 设计目标

李家河水库位于历史文化浓郁的辋川，在景观设计上打造以乡土文化为主的辋川文化、辋川田园生活的风情景观，使李家河水库水利风景区以新的一种景观方式展现在游人面前，成为一个心灵度假胜地。

工程主要设计范围为管理站入口区、办公区厂区周边景观、上坝路景观、896 平台及库区码头、水库下游蓄水河道处及整个库区的环境美化工作。

3 工程规划设计
GONGCHENG GUIHUA SHEJI ....●

3.1 整体布局

建筑基地

李家河建筑基地位于辋川河、西采峪两大支流汇合口下游约 1km 处，占地 18622m² ，因为用地多是在山区坡地，后面是山，前面是河，所以建筑群体依次沿河边一字排开，整个场地西北低东南高，建筑采用台地布置四个功能区，沿河岸两侧布置景观区，在河下游修建一座橡胶坝，增加了基地处水面的宽度，使整个基地具有良好的外部空间环境。

由于基地用地紧张，场地有复杂的功能要求，在规划过程中需从实际出发结合地形地貌，建筑群体依次沿河道布置，将主、副厂房及高压配电室布置在用地西北角，独处一隅，方便生产和管理。东南角为电站的生活办公区，包括宿办楼、宿舍、餐厅、库房及锅炉房，中间正对交通桥布置有入口景观广场及纪念雕塑，雕塑左侧布置派出所及现场宿办楼，右侧布置篮球场地。整体布局具有良好的室内外空间环境，给人们创造愉悦的工作、生活环境。

3.2 管理站入口处景观设计

李家河管理站位于辋川河北侧，进入管理站必须通过交通桥，在有限的用地范围内做出给人印象深刻的景观。

首先，在桥梁的装饰上，颜色要和管理站的建筑颜色相协调，防护栏杆造型图案要简洁大方，符合当地文化特色。铺装选用耐磨、耐脏的当地石材，方便清洁。

入口植物的选择上要精细，叶形、叶色、形态上要优美，品种多而不杂乱，主要树木要有象征意义，入口植物选用王维诗词中常用的桂花树作为主景，配以矮灌、地被、景观石，为游人进入提供最佳的观赏角度。

引水电站总平面布置图

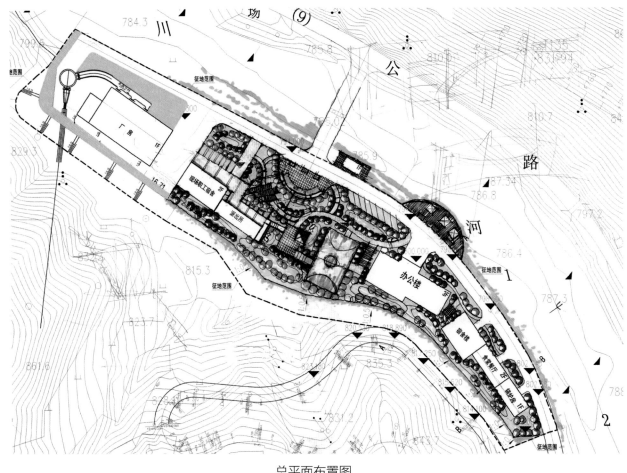

总平面布置图

3.3 办公区景观设计

由于基地用地紧张，场地有复杂的功能要求，在景观设计过程中，结合地形地貌对建筑群体的布置进行景观设计。

办公区建筑物立面用色深沉，造型丰富，构图自然，没有夸张的构件，经济实惠。整个建筑群给人以宁静致远的感觉，符合办公和生产、生活的需要。

场地中正对交通桥轴线布置中心景观广场，景观广场由圆形的喷泉水池及雕塑景组成。在水池中把李家河受水区域的地图刻入其中，地图采用斜面的形式，前低后高，前缘与喷泉水池边缘同高，后缘比前缘高，使水漫过地图流入景观水池中，寓意李家河水库源源不断地为受水区供水。在广场地面铺装上，选用具有代表性的方言，雕刻刻于地面之上，如暮囊（行动拖拉不利索）、马眼（糟糕的人）、细法（勤俭节约）、想万（出坏注意）等等，令游人开心一笑的同时也了解了蓝田的语言文化。

在主景观区域后布置篮球场地，使员工在工作之余能强身健体。整体布局结合室内外空间环境，给人们创造愉悦的工作、生活环境。在办公建筑周边设计为生态停车位，两个车位一组，两侧用花池间隔，种植乔木、绿篱，在夏季形成遮阴。

李家河厂区方案设计效果图

李家河闸房设计图

汇流池效果图

李家河水库实景图

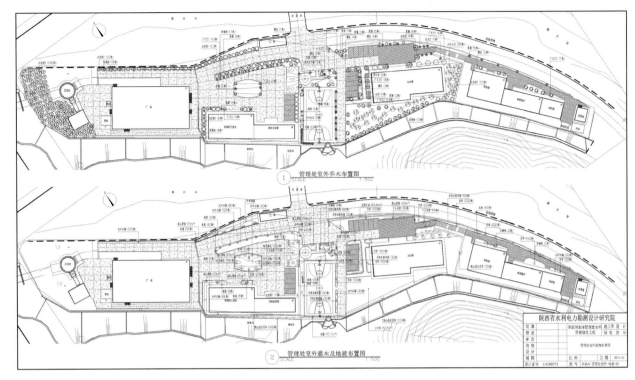

厂区绿化布置图

　　工程区绿化资源比较丰富，利用河边道路两侧做带状绿化，中间广场做集中绿化，建筑周围做点状绿化，使整个基地处于优美的环境之中。植被采用本地生植物，和周围环境融为一体。

　　绿化景观是改善生态环境，延长工程寿命的重要组成部分，也是保护水资源的重要措施之一，景观绿化应以自然保护、工程安全和提高效益为目的。项目区处于山林间，在做好项目区的景观设计时，也应保护好周边的自然环境，有计划地开展植树造林，进行坝区美化。

3.4 上坝路景观设计

施工前现场实景图

　　李家河管理站通向大坝处的道路沿山体盘旋而上，经3个回头曲线到达大坝处。路基宽7.5m，路面宽6.5m，土路肩宽0.5m，双向路拱，全线长约1.795km。

　　在交通道路上，景观设计的重点就是两侧行道树的选择，搭配以灌木、地被。上坝路主要用于车行，在行道树的考虑上，选用适合本土生长且闻名全国的白皮松，白皮松在蓝田境内生长良好，选用它有利于项目区生态的恢复。作为行道树，树木分支点不能低于2.5m，且数量要多。地被选择粗放管理的白三叶并搭配一些组团装灌木，采用自然组合方式种植方式，无需格式化种植，和天然的山体混为一起。

3.5 896 平台景观设计

896 平台是整个项目区的制高点，上坝路到达处。通过架空双跑楼梯与 896 平台相连，楼梯分为两级，楼梯贴面选用米色花岗岩贴面，架空楼梯支撑柱，表面喷涂仿石材涂料。从楼梯平台处到 896 平台，坡面较大，两个台阶之间留有宽 0.80m 斜坡，在斜坡的处理上，采用与水文化有关的吉祥图案浮雕装饰。

在 896 平台整体布局上，左侧部分铺装用塑木板，占整个平台的 1/3，右侧选用花岗岩铺装与透水砖铺装相结合，铺装设计成的几何图案形，打破了单一铺装的呆板，局部植草。

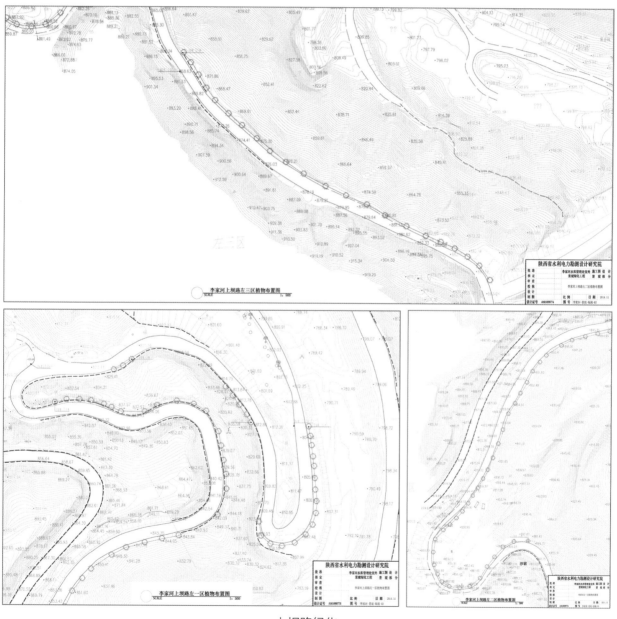

上坝路绿化

在平台的中心处，设计有一组仿古四角双亭，供人休息、乘凉或观景用。亭是一种中国传统建筑，在园景中也是一个"亮点"，起到画龙点睛的作用。896平台高程较高，风较大，双亭采用混凝土结构，不易被风力损坏。景观亭位于平台轴线上，红亭、灰瓦，亭中布置休闲座椅，满足游人休憩需要。

平台入口右侧，留有约10m²绿地，放置李家河水库的景观标志石。古有"园可无山,不可无石""石配树而华,树配石而坚"诸说，景观石在我国的造园史上占有很重要的地位。在标志石的选择上，用蓝田本地石头——卧石，石的周围配置乔灌木，这块孤赏石，成为896平台的景观中心，深化景意，丰富了景观。

3.6 码头景观设计

码头主要由堤岸、固定的斜坡等组成，结合现状的地形，李家河水库的码头采用混凝土码头，在原来开挖或回填的渣土上修建。

李家河水库码头在896平台后侧，从上坝路处和896平台平行方向布设码头台阶，通过8级码头平台，从水库的设计水位到达水库的最低水位，使水位在不同的标高处，都有平台可方便人乘船，每级的乘船平台在铺装上独具匠心，结合蓝田盛产的玉石形状如圆形、月牙形等，来做铺装图案。

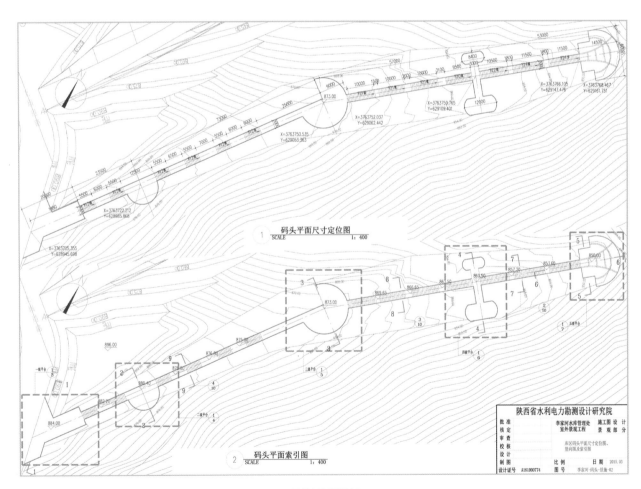

码头景观设计

3.7 李家河水库下游蓄水河道景观设计

此部分设计主要针对下游河道及景观蓄水工程进行，包括交通桥两侧的入口绿化、下河踏步及平台的设计，以及钢坝闸两端平台的绿化。

在交通桥入口两侧三角地带做简单大方的绿化设计，提升整个厂区的景观品味，起到引人入胜的效果。同时在交通桥的右侧设计下河踏步，方便厂区职工的下河作业。为了满足职工亲水及休闲娱乐的需要，同时提升整个蓄水河道的景观效果，又在下河踏步的水面上设计亲水平台，同时设计了一条曲径通幽的木栈道，将此亲水平台与左岸现有的下河踏步连接起来。职工们下班后可以在此休憩休闲，俯瞰潺潺绿水，眺望整个河道及厂区，放松一整天的疲惫身心，同时可以丰富职工们的厂区生活。在钢坝闸两侧也做了简单的植物绿化，主要起到生态保护，美化厂区的作用。

水库下游蓄水区施工前现场实景

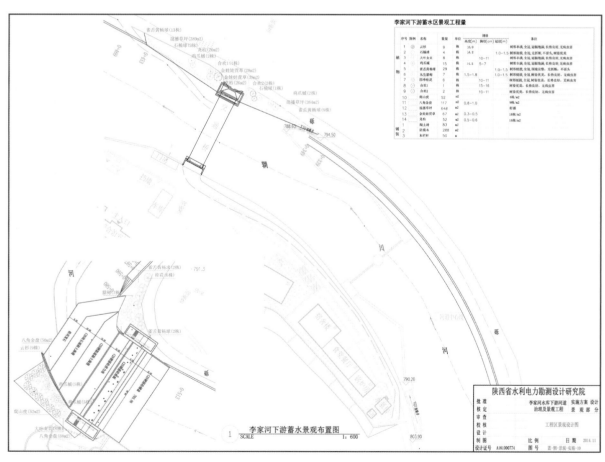

水库下游景观设计图

3.8 景观水闸设计

为了美化工作环境，在管理站及电站厂区下游布置了景观水闸。非洪水期下闸正常挡水，洪水期把闸门放平敞开泄洪。

景观水闸总宽度为51.5m，沿河床布置为两跨，景观水闸单跨净宽度为20.0m，对边墩两侧部位用砂卵石进行回填，回填至与岸边的公路和回车场平台高程相同。闸墩墩顶设进人孔，由爬梯可进入闸墩内部，闸墩墩顶外围设置花岗岩护栏。闸上游钢筋混凝土衬砌段和铺盖段，防止洪水对钢坝闸底部的冲刷。

4 植物配置设计
ZHIWU PEIZHI SHEJI ······························•

李家河水库地处蓝田县境内，植被资源丰富，整个库区被群山环绕，风景独特、美丽异常。

植物配置设计主要以常绿植物，如白皮松、雪松、大叶女贞为主。三种常绿乔木树形各异，白皮松树形似倒卵状，主要用于点缀上坝路两侧，从远处观赏上坝路，犹如一条绿色长龙，盘绕在山间。雪松树形似塔状，用于点缀坝区和厂区，作为骨干树种，高大挺拔，似一座座披着绿纱的小塔，让整个坝区生机盎然。大叶女贞是难得的独干大冠幅的常绿乔木，而且具有吸附有毒物质的功能，作为整个坝区绿化的主干树种，并且可以吸附坝区有毒物质，可搭配常绿开花植物，如桂花、广玉兰等常绿植物，树形优美，花型漂亮。桂花树形高大，四季常绿，桂花飘香，为整个坝区增添一抹淡淡的香意，让人心旷神怡，流连忘返。广玉兰花期在春末夏初，花型如荷花般漂亮，香味清新，点缀在墨绿的叶子中间十分醒目，非常可爱，为整个厂区增添一抹淡雅的气息。

除此之外还搭配紫叶李、白玉兰、双色玉兰、樱花等落叶小乔木，紫叶李初春开花，花朵异常繁茂美丽，花期过后紫色的叶子也是一道亮丽的风景。玉兰、樱花都是春天开花，玉兰花朵大气雅致，樱花花朵繁茂艳丽，各具特色，争相斗艳，好不热闹。这些花花绿绿的植物，唤醒沉睡的大山，为李家河水库库区增色添彩。而搭配的小乔木木槿、紫薇、合欢等树木，树形各异，木槿小巧玲珑，夏天开花，紫薇姿态摇曳也是夏天开花，合欢树冠开展，夏天形似小扇子的粉红色小花开遍整棵树冠，十分惊艳，为李家河的夏天增添色彩。

灌木层主要以常绿灌木红叶石楠、十大功劳、龙柏、高山黄杨和法国冬青等常绿灌木为主，搭配海棠、月季、红花檵木等花卉类小灌木，让整个库区的灌木层更加充实美丽。地被主要采用混播草坪和三叶草，绿绿葱葱的草坪好似给李家河的黄土地披上一件美丽的绿纱衣，三叶草不仅形态美丽，还有肥沃土地的作用，夏天开白色的小花也是一种风景。

坝上景观亭

建设中的大坝

大坝全景

5 创新与总结
CHUANGXIN YU ZONGJIE ....●

5.1 建筑单体及景观设计

本次设计的建筑形式新颖，颜色鲜艳，是以前水库建筑没有的，给沉寂的水库增加了许多色彩。景观设计上采用了更多的形式，如富有景观特色的踏步，在库区896平台上的景观亭，还有坝后的码头设计等等均新颖独特，为整个库区增添了景色。

5.2 生态水源涵养

水库的生态功能保护建设是统筹人与自然和谐发展的一项重大举措与有效途径，对全面建设生态文明，保障国家生态安全具有重要意义。李家河水库上游山区森林植被的保护是一面绿色屏障，多少年来受自然条件和人为因素的影响，李家河水库生态环境有所退化，如不及时恢复将危及当地和辋川河下游流域社会经济的可持续发展，因此开展辋川河水源涵养区生态功能势在必行。

我们要坚持生态建设和保护作为首要任务，不断完善生态屏障和生态服务功能。严格控制并减少重点生态保护区的经济活动，完善生态建设与保护的长效机制。坚持经济发展以保护生态为前提，更加注重资源节约，大力发展循环经济。

因此李家河水库把生态建设、水源保护作为生态涵养发展区的第一要务，立足生态资源，促进全面发展，也是生态涵养发展区的重要职责。加强涵养区水源生态建设，以保护区域内各种河流和水库为重点，全面启动对河流和水库的综合治理，防止地表植物破坏、水土流失，防止污水流入河道和水库。开发节水设施，提高水利利用率，发展节水产业。通过植物造林加强水库周边山区的生态建设，扩大生态林规模，加强空间管制，特别是生态涵养区中的水库上游要禁止开发。加大禁牧力度，保护野生动物，防止违规采伐和非法开矿，形成全面的生态林资源的安全保障体系。

李家河水库的影响区范围包括因水库蓄水而造成的滑坡、塌岸、浸没、孤岛和其他受水库蓄水影响的地区。依据本工程地质报告并经现场勘察，李家河水库无滑坡问题。库区正常蓄水位以上无平缓的台地和较大村庄以及耕地分布，地质条件较好，不存在浸没问题。库区第四系松散堆积物仅占库岸34%，主要分布在岸坡自然坡度40°～50°，水库蓄水后，在动水和掏挖、侵蚀下虽会产生塌岸但塌岸范围小，经调查塌岸区无房屋、耕地等实物损失。根据现场实际情况，库区无孤岛问题。

为便于水源保护管理，在进入枢纽库区、输水干渠等主要道路入口及保护区边界线设立水源保护区警示碑，在各级保护区内都应遵守以下要求。

（1）禁止一切破坏保护区水环境生态平衡的活动以及破坏水源林、护岸林与水源保护相关植被的活动。

（2）禁止向保护区水域倾倒工业弃渣、垃圾、粪便及其他废弃物。保护区范围禁止新设各类工业和生活排污口，水库工程建设期的垃圾应及时运出项目区以外处置。

（3）李家河水库引水工程的施工区、移民安置区、渣场、料场等均不得布设在规划的水源保护区范围内。

（4）保护区陆域耕地禁止使用剧毒和高残留农药，不得使用炸药、毒品捕杀河道鱼类和其他生物。

（5）拟在蓝葛公路设置两个有毒有害品检查站，一个设在蓝田县城附近的峪口处，另一个设在葛牌镇附近，对进入载重运输车辆实行24h检查。运输有毒有害物质、油类、粪便车辆一般不准进入保护区，必须进入者应事先申请并经批准、登记，并设置防溢、防漏措施。

新疆维吾尔自治区
下坂地水利枢纽工程

1 工程基本情况

GONGCHENG JIBEN QINGKUANG ....●

1.1 工程背景

喀什塔什库尔干县兴建的下坂地水利枢纽工程是 2001 年国务院批准的《塔里木河流域近期综合治理规划》中唯一确定的山区水利枢纽工程，属国家、新疆维吾尔自治区重点工程建设项目，位于塔里木河水系叶尔羌河支流塔什库尔干河的中下游。工程坝址距塔什库尔干县城 45km、距乌鲁木齐1815km。下坂地水利枢纽工程是塔里木河流域综合治理项目之一，工程以春季早供水、生态补水、发电等为建设目标。工程建成后，总库容量可达 8.67 亿 m³，将在很大程度上改变叶尔羌河流域"春旱、夏洪、秋缺、冬枯"的状况。工程建设施工区域海拔高，高地震烈度、高边坡处理、深覆盖层等复杂的地质地貌结构属中国罕见，施工条件艰苦，技术要求高。工程汇集了来自全国各地的优秀水利施工队伍。

1.2 地理位置

塔什库尔干塔吉克自治县是中国新疆维吾尔自治区喀什地区所辖的一个自治县。喀什地区位于祖国西陲、新疆维吾尔自治区西南部。在东经 73°20′~79°57′，北纬 35°20′~40°18′之间。东临塔克拉玛干大沙漠，东北与阿克苏地区柯坪县、阿瓦提县相连，西北与克孜勒苏柯尔克孜自治州的阿图什、乌恰、阿克陶县相连，东南与和田地区皮山县相连。喀什地区的西部与塔吉克斯坦相连、西南与阿富汗、巴基斯坦接壤，三国边境线长 388km。周边邻近国家还有吉尔吉斯斯坦、乌兹别克斯坦、印度等。

下坂地水利枢纽工程位于新疆塔里木河源流叶尔羌河主要支流之一的塔什库尔干河中下游。枢纽工程地处喀什地区塔什库尔干塔吉克自治县班迪尔乡境内，距塔什库尔干塔吉克自治县45km，距喀什市 315km。从喀什市到塔什库尔干县有 314 国道通过，为枢纽工程主要对外交通道路。

1.3 水文条件

塔什库尔干河是塔里木河水系叶尔羌河山区的主要支流之一，是叶尔羌河最大的一条清水河流，全长 298km，总流域面积 9980km²。下坂地水利枢纽工程位于该河的中下游，坝址以上河长217km，控制流域面积 9570km²，占塔什库尔干河全流域的 95.9%。塔什库尔干河的洪水主要是由于夏季流域气温升高，冰雪强烈消融形成，特点是洪峰不高，水量较大，连续出现时间长，洪水过程呈一日一峰。

1.4 工程地质

坝址区河谷呈"U"形，岸高坡陡，基岩裸露。坝轴线处河床宽约280m，右侧河槽底部平均高程2896m，左侧河漫滩平均高程2905m。坝体左右岸的自然坡度分别为50°～55°和55°～70°。轴坝线以下约300m处的左岸为哈木勒提沟，沟口宽约200m，沟深坡陡，泥石流问题比较突出。沿沟口至电站厂房段，河道距离长约7.5km，河床的天然比降为3.03%，两岸地势陡峭。

坝体两岸岩性以弱风化的片麻岩为主，表部强风化层的厚度一般为5～7m。坝基覆盖层最大厚度150m多，从下到上依次为冰碛层，湖积层和坡积层。其中冰碛层以漂石、块石和砂为主，天然密度为2.1g/cm³，渗透系数平均值为17.6m/d。

1.5 工程现状及存在问题

1.5.1 工程区现状

由于工程区海拔高程2900m，两岸山体常年积雪，且无植被，十分缺氧。夏季泥石流时有发生，整夜风沙不停。工程区夏天只有半天的日晒时间，每年10月底就进入寒冷的冬季。施工资源调集困难，由于工程地处偏远地区，周边城镇几乎无任何资源可调，350km以外的喀什资源也极为有限，因此导致景观美化工作难上加难，不仅要克服恶劣的自然环境条件，同时也要对枢纽工程场地施工后期遗留问题综合考虑，保证使用功能的同时，也要整体提升景观效果。

主入口

库区内部分山体状况

库区沿路状况

水工导流洞口

坝后状况

其他附属区

1.5.2 存在的主要问题

（1）库区及生活区等主入口缺少重点景观设计。

（2）库区内部分山体施工破坏严重，亟须修复美化。

（3）库区水域缺少安全生产平台及景观亲水性设施。

（4）水工导流洞口、交通洞口、事故通风洞口等水工设施造型单一。

（5）坝后整体环境杂乱，临建待拆，路网地形待规整，无休憩活动场地。

（6）其他附属区域景观缺少文化主题，不能体现下坂地水利枢纽人文、历史精神。

2 设计理念与目标

SHEJI LINIAN YU MUBIAO......................................•

2.1 设计理念

下坂地地处的旅游价值独特，不仅可以使旅游者欣赏到现代水利工程的雄伟、自然景观的优美，体验古老波斯文化和现代水文明，而且在缅怀水利先贤，体验现代水利科技的同时，给旅游者以深刻的心灵感悟和人生思考。因此结合本土地理人文特色，设计理念定位如下。

（1）下坂地水利枢纽工程是塔里木河流域近期综合规划中唯一的山区水利枢纽工程，其战略地位重要，地质条件复杂，施工强度高，质量要求严，施工技术复杂，组织管理难度大，是专家公认的世界上最具挑战性的水利工程之一。2007 年工程下闸蓄水，在下坂地谷中形成了一个东西长 23km，平均宽度 0.6km，水域面积近 21km^2 的辽阔水面，成为我国最西部帕米尔高原的第一高峡湖。峡谷内沟壑纵横，烟波浩渺，天地与山水浑然一体，景色蔚为壮观，是帕米尔高原上一颗耀眼的明珠。

（2）水利风景区与水利工程相辅相成。水利枢纽开始发挥其优良的调峰作用，极大地改善了喀克两地州电网运行条件，为塔河下游生态环境提供了优质的水源；水利风景区梳理和激活水系、优化水质、营造水景，利用水、堤、自然林带、桥、地下厂房等景观要素，形成以生态为主题的休闲旅游滨水景观，宏伟的下坂地水利工程吸引人的地方还在于人类治水的工程文化和当地的特色文化，这恰是当前下坂地水利风景区旅游开发的环节。特别是宏伟的水利工程建筑，它巨大的体型、空间组合和综合功能是人类改造自然、驯服水害能力的充分体现，具有无可比拟的工程技术人文价值。这些把治水文化、工程文化和当地特色文化深度挖掘、巧妙组合，展示给旅游者，必然会给游客一种别样的感受。

（3）塔什库尔干塔吉克族自治县是塔吉克族居住区，古老的波斯文化和浓郁的塔吉克族风情都具有重要的旅游资源价值。深入挖掘水利工程和文化资源的旅游价值，不仅可以使旅游者欣赏到现代水利工程的雄伟、自然景观的优美，体验古老波斯文化和现代水文明，还可以在缅怀水利先贤，体验现代水利科技的同时，给旅游者以深刻的人生思考，激发旅游者热爱水利事业，提高节约利用和保护水资源的热情和自觉性。

2.2 设计原则

（1）注重下坂地水利枢纽工程特殊的地域环境条件。
（2）使用现代的景观表现手法。
（3）结合古波斯文化和塔吉克族习俗，遵循历史沉淀下来的景观特色。
（4）体现下坂地水利枢纽人文、历史精神。

2.3 设计目标

水利景观不仅对于维护工程安全、涵养水源、保护生态环境起到重要作用，同时也对改善人居环境、拉动区域经济发展诸方面都起到极其重要的作用，因此加强对水利景观的建设和管理，是落实科学发展观，促进人与自然和谐相处，构建社会主义和谐社会的需要。

下坂地水利枢纽工程是塔里木河流域近期综合治理规划中唯一的山区水利枢纽工程。该工程也是以生态补水和春旱供水为主，结合发电的综合性水利枢纽工程。但由于该工程建设施工区域海拔高，高地震烈度、高边坡处理、深覆盖层等复杂的地质地貌结构中国罕见，施工条件艰苦，技术要求高。所以自工程开工建设以来，建设者们发扬"艰苦不怕吃苦，缺氧不缺志气"的精神，才得以保证各项工程的按时完成。因此景观美化和整治不仅是对水利枢纽工程的补充和完整，同时也是对枢纽工程整体环境的美化和升华。

3 工程规划设计
GONGCHENG GUIHUA SHEJI ....●

3.1 入口景观设计

风景区入口是整个风景区空间序列开始的标志，同时也是联系风景区内外空间的重要组成部分，其设计的好坏直接影响整个景区的形象，优秀的风景区入口也能给游客留下深刻的印象，激发游客进入景区的兴趣。因此，景区入口的规划设计在整个景区的设计中占据了至关重要的位置。而下坂地库区主入口是施工初期搭建的简易钢构物，本身就缺少景观效果，加之年久失修，迎宾喷绘对联已褪色、破旧不堪。入口管理用房也是后期增设的临时建筑，入口整体景观效果单一陈旧，无法彰显下坂地水利库区的入口形象。

新规划设计的库区主入口，以中轴对称的布置方式，强调主入口的唯一性，新的主入口设计宽度14m、高8m，两侧设置一高一低的石质梯形柱，柱子外挂蘑菇面花岗岩石材，迎宾面题刻红色精神标语，柱体之间由两道横梁连接，梁上设置一米见方的"新疆下坂地水利枢纽工程"标识字体，入口管理用房的造型风格设计，也与入口柱体整体统一化，形成具有特色标识的主入口景观效果。

3.2 山体修复

下坂地水利枢纽库区山体雄厚，边坡高达数百米以上。岩性为片麻状黑云斜长花岗岩，岩石裸露，山体坡度均较陡，加之当地气候条件和水资源有限，因此植被难以存活。根据边坡与结构面的赤平投影图分析，并结合中科院稳定性计算可知边坡整体是稳定的，仅在边坡表层可能形成局部不稳定块体。边坡主要不稳定块体发育范围为尾水洞出口下游侧高程2930m以上边坡，2930m以下高程不稳定块体发

山体修复

浮游码头

育较少，但表层岩体受卸荷及风化影响，较为破碎，深度一般为 3 ~ 5m 左右。由此对导流洞出口闸房外后背山体进行处理，在厂区 100m 范围内，高程 3000m 以上，只对局部表层围岩进行清除；对高程 3000m 以下须进行削坡处理，削坡深度取 1.5 ~ 0.5m，同时在削坡范围内进行喷锚支护并挂钢筋网，局部或进一步进行护坡砂浆喷护。另外结合库区独有的水域风光资源，于迎水面局部山体题刻巨型字体，增加库区人文气息。

大门设计效果图

3.3 景观平台设计

下坂地水利枢纽工程在下坂地谷中形成了一个东西长 23km，平均宽度 0.6km，水域面积近 21km² 的辽阔水面，天地与山水浑然一体，景色蔚为壮观。为更好地促使库区的安全生产管理及游人亲水观景游览，在位于库区交通地理位置通达的地方，设置两处百平方米的观景平台，景观平台部分区域悬挑，一方面便于游船的使用，另外一方面也增加观景效果。

3.4 水工设施门洞装饰

库区水工导流洞口、交通洞口、事故通风洞口等数处水工门洞造型单一，景观效果不佳，本次景观设计运用当地古波斯文化和塔吉克族民俗文化符号元素，使现代构筑物与历史文化和谐融合，使游客不仅能欣赏到现代水利工程的雄伟，同时能够带给旅游者深刻的心灵感悟和人生思考，激发旅游者对水利事业的热爱。

门洞设计效果图（一）

门洞设计效果图（二）

门洞设计效果图（三）

3.5 坝后景观设计

坝后景观设计主要是以坝体表面浆砌石裸露区域美化设计及坝后休憩活动区景观设计为主，坝体背水面由于上坝道路施工的影响，部分区域坡度过陡，难以铺设浆砌石护坡，并且坝后裸露区域狭长，且多处不规则，整体景观效果不佳。本次坝体表面的修复美化设计，以创作大地艺术的构图思路，体现

水库坝后活动区效果图

雪山、草原、牛羊为一体的雪山玉岭景观。设计采用边长为 200mm 的六边形彩色砖块拼贴，将水利坝体美化成一幅具有艺术气息的抽象图画。坝后休憩活动区景观设计由上坝道路两侧的空地组成，道路西侧区域场地平整度比较理想，设计以观景、休憩、纪念为一体的活动广场，平面采用简洁式轴对称的手法，布局清晰，轴线分明，并在功能上设置坝后停车场、休憩坐凳、景观置石、文化纪念柱等景观小品。道路东侧区域空间较大，在坝后景观设计中最适合游人驻留、休憩、了解水库建设精神文化。根据现状场地条件，平面设计采用自然式的布置手法，利用现状的地势高差，高筑亭廊，低设曲径广场，在人流游览的视线内，通过不同类型、形态的石块及乡土树种苗木，丰富景观竖向空间，力争营造一种新疆下坂地特有的高海拔山石文化活动空间。

4 创新与总结
CHUANGXIN YU ZONGJIE ....●

4.1 创造独具特色的高原水利风景区

下坂地水利枢纽工程是塔里木河流域近期综合规划中唯一的山区水利枢纽工程，其战略地位重要，地质条件复杂，施工强度高，质量要求严，施工技术复杂，组织管理难度大，是专家公认的世界上最具挑战性的水利工程之一。由于地理条件限制，区域内植被稀少，没有乔木植被，仅在谷底、盆地及干燥的山坡生长着优若属的矮小灌木、刺雪属和棘豆属的一些垫状植物。

因此景观营造结合当地特殊环境条件，在工程区内多用山、石、微地形等景观元素，人为地在艺术设计上探索高原水利精神，注重景观形式的象征和心里的感受，用石块象征山峦，用砂石象征湖海，用线条表示水纹，如一副留白的山水画卷。

4.2 发扬乡土人文精神，传承先进水利智慧

古波斯文化和塔吉克族习俗塔什库尔干塔吉克族自治县是塔吉克族居住区，古老的波斯文化和浓郁的塔吉克族风情都具有重要的旅游资源价值，民族文化中的宗教习俗、饮食服饰、节庆娱乐、婚葬礼仪等民族习俗便是一个民族的独特威力之所在，是吸引旅游者的重要文化因素。而且塔吉克族的节日、饮食、服饰、民俗、艺术、经商等习俗具有鲜明的独特性、地域性和历史性。

景观设计将塔吉克族的习俗与景观节点功能、元素融为一体，使下坂地水利生态观光旅游独具魅力，为水利生态观光旅游增添文化内涵，提升其文化层次；为民族文化的传承和保护注入生态文明理念和经济活力，促进水利资源保护、水利生态观光经济和民族文化保护的协调统一。